深度学习

王志立 编著
Wang Zhili

清华大学出版社
北京

内 容 简 介

深度学习是人工智能技术和研究领域之一，通过建立人工神经网络在计算机上实现人工智能。通过学习本书，读者可以了解Python开发环境构建、Python基础、深度学习经典网络、对抗学习、遗传算法与神经网络、计算机视觉和自然语言处理等多个深度学习领域的知识。本书理论与实践并重，配套教学视频，知识体系完整全面，助力读者构建属于自己的深度学习知识体系，了解人工智能的发展趋势和新技术，并可以往自己感兴趣的方向扩展。

本书可作为人工智能初学者的入门书籍，也可作为具备一定知识背景的读者拓展人工智能知识面的学习参考书籍，力求让读者对人工智能的未来应用和发展前景有一个更全面、科学的把握，培养读者的钻研能力，增强读者利用深度学习解决实际问题的能力。

本书封面贴有清华大学出版社防伪标签，无标签者不得销售。
版权所有，侵权必究。举报：010-62782989，beiqinquan@tup.tsinghua.edu.cn。

图书在版编目(CIP)数据

Python深度学习/王志立编著.—北京：清华大学出版社，2021.1(2024.7重印)
(清华开发者书库·Python)
ISBN 978-7-302-55522-3

Ⅰ. ①P… Ⅱ. ①王… Ⅲ. ①软件工具—程序设计 Ⅳ. ①TP311.561

中国版本图书馆CIP数据核字(2020)第085728号

责任编辑：赵佳霓
封面设计：刘　键
责任校对：时翠兰
责任印制：丛怀宇

出版发行：清华大学出版社
    网　　址：https://www.tup.com.cn，https://www.wqxuetang.com
    地　　址：北京清华大学学研大厦A座 邮　　编：100084
    社 总 机：010-83470000 邮　　购：010-62786544
    投稿与读者服务：010-62776969，c-service@tup.tsinghua.edu.cn
    质量反馈：010-62772015，zhiliang@tup.tsinghua.edu.cn
    课件下载：https://www.tup.com.cn，010-83470236
印 装 者：三河市君旺印务有限公司
经　　销：全国新华书店
开　　本：185mm×260mm 印　张：14 字　数：311千字
版　　次：2021年1月第1版   印　次：2024年7月第4次印刷
印　　数：3001～3200
定　　价：69.00元

产品编号：085788-01

前言
PREFACE

　　在大数据、云计算及人工智能等领域交叉成果的共同推动下,深度学习的发展再一次实现质的跨越,其相关技术也逐渐被大规模应用于智能手机、计算机、物联网设备、机器人等产品中。作为一个过来人,笔者很能理解深度学习初学者的心情,那种面对浩如烟海的深度学习知识却不知从何学起的"迷茫"成为所有初学者学习历程的绊脚石。一条行之有效的学习路径是每个初学者当前所急需的。为此,笔者想做一个抛砖引玉的人,帮助大家建立起属于自己的深度学习知识体系,也好让大家在学习的路上越走越顺。

　　笔者用了大半年的时间来编写此书,因为平时有做总结的习惯,所以写的时间并不是很长,更多的是对整本书知识架构的整理。由于深度学习的知识更新得比较快,笔者在2019年底还在更新此书的内容,尽可能删除陈旧知识点,保留精华知识并贡献最新知识给大家。在写书的过程中,笔者通过对理论内容的文献查阅与实战内容的反复验证,不仅让本书更加贴近大家的需求,也让自己各方面能力完成了蜕变。

　　"授人以鱼,不如授人以渔",笔者希望本书传达下来的是思想,而不是那一行行的具体实践代码,代码总有被弃用的一天,而思想却可以永存。笔者希望大家通过实践掌握本书的核心知识,并拥有自我学习能力,在笔者设立的知识体系下深挖自己所感兴趣的领域。

　　笔者在编写此书的过程中感悟良多,其中不乏对当今信息爆炸时代的思考。知识迭代速度超乎了任何人的想象,我们现在需要的并不仅是知识,而是更需要良好的搜索能力与表达能力。为此,笔者希望大家善用搜索引擎来获取最新的消息。互联网上有很多组织发表的优秀论文,GitHub上有很多优秀论文的代码实现,当我们钻研完某个领域最新的1000篇论文时,这个领域的新鲜事便转化为自己的知识;另外就是养成写作的习惯,写作是对自己思维模式的训练,是对自己知识盲区的查漏补缺。未来大家也许并不会从事科研工作,但通过写作锻炼出来的逻辑思维能力和清晰表达复杂信息的能力,必将对大家未来从事的每样工作都有所裨益,所以笔者希望大家都能重视搜索与写作能力的培养!

　　大家也可以跟笔者一样,将自己所思、所想和所学都上传到互联网上,经受同行的审视,从他们的反馈中不断进步。大家会发现,在尝试将自己的思想表达给同行的时候,自己就已经在进步了。

致谢

　　此书在完稿前,笔者才深知创作之不易。不过除此之外,笔者得到更多的是一种充实感，写书对笔者来说是创业，也是对自己思维的打磨，整个过程都充满意义。这是一次知识的分享，也是一次有益的尝试。

另外，感谢父母的养育之恩，感谢导师的诲人不倦，感谢深圳大学信息中心和电子与信息工程学院提供的软硬件支持，感谢河海大学王诗宇对本书的插画设计与编辑。

最后，不得不提及的是，由于笔者水平与精力有限，书中难免存在某些疏漏，衷心欢迎大家的指正与批评！

王志立

2020 年 6 月

本书源代码下载

目 录
CONTENTS

第1章 导论 1
  1.1 本书学习路线 1
  1.2 人工智能与深度学习 3
  1.3 深度学习的算法流程 4
    1.3.1 特征工程 4
    1.3.2 模型评估 5
  1.4 总结 7

第2章 Python 开发环境搭建 8
  2.1 Linux 服务器 8
    2.1.1 下载与安装 8
    2.1.2 使用 mobaxterm 连接远程服务器 8
    2.1.3 在服务器上安装 Python 开发环境 10
    2.1.4 Jupyter Notebook 的使用 10
  2.2 Windows 平台 11
    2.2.1 下载 Anaconda 11
    2.2.2 安装配置 12
    2.2.3 安装路径配置 12
    2.2.4 系统环境配置 13
    2.2.5 在 Windows 上使用 Jupyter Notebook 14
  2.3 使用 Anaconda 国内源 15
    2.3.1 更换清华源 15
    2.3.2 更换中科大源 15
    2.3.3 pip 设定永久阿里云源 15
  2.4 Python 虚拟环境 16
    2.4.1 创建 Python 虚拟环境 16
    2.4.2 切换虚拟环境 16
    2.4.3 在虚拟环境中安装额外的包 16
    2.4.4 虚拟环境的相关命令 17
  2.5 PyCharm 远程连接服务器 17
    2.5.1 下载 PyCharm 专业版 17

    2.5.2　PyCharm 连接虚拟环境 ················· 18
    2.5.3　使用 screen 进行任务管理 ············· 21
  2.6　总结 ························· 21

第 3 章　**Python 基础** ······················ 22
  3.1　Python 简介 ···················· 22
  3.2　Python 初阶学习 ················ 22
    3.2.1　变量赋值 ····················· 22
    3.2.2　标准数据类型 ················· 23
    3.2.3　数据类型转换 ················· 26
    3.2.4　算术运算符 ··················· 26
    3.2.5　格式化 ······················· 27
  3.3　Python 进阶学习 ················ 27
    3.3.1　循环 ························· 27
    3.3.2　条件语句 ····················· 30
    3.3.3　文件 I/O ····················· 31
    3.3.4　异常 ························· 32
    3.3.5　导包 ························· 33
  3.4　Python 高阶学习 ················ 33
    3.4.1　面向过程编程 ················· 33
    3.4.2　面向对象编程 ················· 35
    3.4.3　面向过程与面向对象的区别 ····· 37
  3.5　正则表达式 ···················· 37
    3.5.1　re.match ····················· 37
    3.5.2　re.search ···················· 37
    3.5.3　re.sub ······················· 38
    3.5.4　re.compile 函数与 findall ···· 38
    3.5.5　正则表达式的重点 ············· 39
  3.6　进程与线程 ···················· 39
    3.6.1　多进程的例子 ················· 40
    3.6.2　多线程例子 ··················· 40
  3.7　总结 ························· 41

第 4 章　**深度学习** ······················ 43
  4.1　Keras 简介 ····················· 43
    4.1.1　Keras 的优点 ················· 43
    4.1.2　Keras 的缺点 ················· 44
    4.1.3　Keras 的安装 ················· 44
  4.2　全连接神经网络 ················· 44
    4.2.1　全连接神经网络简介 ··········· 45
    4.2.2　全连接神经网络原理 ··········· 45

4.2.3　全连接神经网络小结 ………………………………………………… 49
4.3　卷积神经网络 ………………………………………………………………… 49
　　4.3.1　全连接神经网络的缺点 ……………………………………………… 49
　　4.3.2　卷积神经网络原理 …………………………………………………… 50
　　4.3.3　卷积神经网络与全连接神经网络的区别 …………………………… 51
　　4.3.4　卷积层 ………………………………………………………………… 51
　　4.3.5　局部连接和权值共享 ………………………………………………… 52
　　4.3.6　池化层 ………………………………………………………………… 53
　　4.3.7　训练 …………………………………………………………………… 54
　　4.3.8　卷积神经网络的超参数设置 ………………………………………… 55
　　4.3.9　卷积神经网络小结 …………………………………………………… 56
4.4　超参数 ………………………………………………………………………… 56
　　4.4.1　过拟合 ………………………………………………………………… 56
　　4.4.2　优化器 ………………………………………………………………… 59
　　4.4.3　学习率 ………………………………………………………………… 61
　　4.4.4　常见的激励函数 ……………………………………………………… 62
　　4.4.5　常见的损失函数 ……………………………………………………… 63
　　4.4.6　其他超参数 …………………………………………………………… 64
　　4.4.7　超参数设置小结 ……………………………………………………… 65
4.5　自编码器 ……………………………………………………………………… 65
　　4.5.1　自编码器的原理 ……………………………………………………… 65
　　4.5.2　常见的自编码器 ……………………………………………………… 66
　　4.5.3　自编码器小结 ………………………………………………………… 67
4.6　RNN 与 RNN 的变种结构 …………………………………………………… 67
　　4.6.1　RNN 与全连接神经网络的区别 ……………………………………… 68
　　4.6.2　RNN 的优势 …………………………………………………………… 68
　　4.6.3　其他 RNN 结构 ………………………………………………………… 69
　　4.6.4　LSTM …………………………………………………………………… 73
　　4.6.5　门控循环单元 ………………………………………………………… 76
　　4.6.6　RNN 与 RNN 变种结构小结 …………………………………………… 76
4.7　代码实践 ……………………………………………………………………… 77
　　4.7.1　全连接神经网络回归——房价预测 ………………………………… 77
　　4.7.2　全连接神经网络与文本分类 ………………………………………… 80
　　4.7.3　卷积神经网络之文本分类 …………………………………………… 89
　　4.7.4　卷积神经网络之图像分类 …………………………………………… 94
　　4.7.5　自编码器 ……………………………………………………………… 101
　　4.7.6　LSTM 实例之预测股价趋势 …………………………………………… 116
4.8　总结 …………………………………………………………………………… 121
第 5 章　生成对抗网络 ………………………………………………………………… 122
5.1　生成对抗网络的原理 ………………………………………………………… 122

5.2 生成对抗网络的训练过程 ·········· 123
5.3 实验 ·········· 125
　　5.3.1 代码 ·········· 125
　　5.3.2 结果分析 ·········· 130
5.4 总结 ·········· 131

第 6 章　遗传算法与神经网络 ·········· 132

6.1 遗传演化神经网络 ·········· 132
　　6.1.1 遗传算法原理 ·········· 132
　　6.1.2 遗传算法整体流程 ·········· 133
　　6.1.3 遗传算法遇上神经网络 ·········· 133
　　6.1.4 演化神经网络实验 ·········· 134
6.2 遗传拓扑神经网络 ·········· 148
　　6.2.1 遗传拓扑神经网络原理 ·········· 148
　　6.2.2 算法核心 ·········· 148
　　6.2.3 NEAT 实验 ·········· 150
6.3 总结 ·········· 154

第 7 章　迁移学习与计算机视觉 ·········· 156

7.1 计算机视觉 ·········· 156
　　7.1.1 图像分类 ·········· 156
　　7.1.2 目标检测 ·········· 156
　　7.1.3 语义分割 ·········· 157
　　7.1.4 实例分割 ·········· 157
7.2 计算机视觉遇上迁移学习 ·········· 158
　　7.2.1 VGG ·········· 159
　　7.2.2 VGG16 与图像分类 ·········· 160
　　7.2.3 VGG16 与目标检测 ·········· 160
　　7.2.4 VGG16 与语义分割 ·········· 163
　　7.2.5 ResNeXt 与实例分割 ·········· 164
7.3 迁移学习与计算机视觉实践 ·········· 166
　　7.3.1 实验环境 ·········· 166
　　7.3.2 实验流程 ·········· 166
　　7.3.3 代码 ·········· 166
　　7.3.4 结果分析 ·········· 171
7.4 总结 ·········· 172

第 8 章　迁移学习与自然语言处理 ·········· 173

8.1 自然语言处理预训练模型 ·········· 173
　　8.1.1 Word2Vec ·········· 173
　　8.1.2 BERT ·········· 173
　　8.1.3 RoBERTa ·········· 179

    8.1.4 ERNIE ……………………………………………………………… 179
    8.1.5 BERT_WWM ……………………………………………………… 180
    8.1.6 NLP预训练模型对比 …………………………………………………… 181
  8.2 自然语言处理四大下游任务 …………………………………………………… 181
    8.2.1 句子对分类任务 ………………………………………………………… 181
    8.2.2 单句子分类任务 ………………………………………………………… 182
    8.2.3 问答任务 ………………………………………………………………… 183
    8.2.4 单句子标注任务 ………………………………………………………… 184
  8.3 迁移学习与自然语言处理竞赛实践 …………………………………………… 185
    8.3.1 赛题背景 ………………………………………………………………… 186
    8.3.2 赛题任务 ………………………………………………………………… 186
    8.3.3 数据说明 ………………………………………………………………… 186
    8.3.4 环境搭建 ………………………………………………………………… 187
    8.3.5 赛题分析 ………………………………………………………………… 188
    8.3.6 实验代码 ………………………………………………………………… 189
  8.4 总结 ……………………………………………………………………………… 208

参考文献 …………………………………………………………………………………… 209

第 1 章 导 论
CHAPTER 1

大数据时代的来临,算力和存储的连年提升,促使人工智能迅猛发展。各大高校人工智能专业的开设和人工智能类岗位高昂的薪资,以及人工智能纳入国家重点发展计划都在说明人工智能开始迎来新的一波风口。市场对该类人才的紧缺需求是毋庸置疑的。深度学习作为人工智能的重要组成部分,毫无疑问地成为每一个初学者必须了解的一环。

一门学科的学习固然离不开大量的时间,但如何做到事半功倍,是值得我们思考的。古人云:"三思而后行",这个"思"就是行动前规划好行动路径图,沿着有效的路径去行动,效果当然也就事半功倍。

知识体系就好比人类的骨架,骨架的健硕才能让血肉更好地生长。没有骨架,再多的血肉都是一坨烂泥。相反,一副健硕的骨架却能让你不断造血加肉,将自己感兴趣的那一块"肌肉"不断壮大,成为这一领域的专才。

在深度学习如火如荼发展的时代,大批的初学者涌入这个领域,一条行之有效的学习路径是每一个初学者所急需的。本书的编写正是为了弥补这方面的空白,帮助每一个读者构建属于自己的深度学习体系。它涵盖了深度学习的热门领域与当前科研热点,并结合实操,从简到难逐步揭开深度学习的神秘面纱。

1.1 本书学习路线

全书共 8 章,每个章节联系紧密,并且配套相应的案例与代码讲解视频,建议初学者按顺序阅读,这样能有效帮助大家建立起一套完备的深度学习体系。接下来,笔者就图 1.1 所示的学习路线给各位读者介绍本书的知识体系。

视频讲解

第 1 章导论分为 4 节:本书学习路线、人工智能与深度学习、深度学习的算法流程和总结。重点在第 3 节——深度学习的算法流程,本节将会给读者介绍一整套深度学习的操作流程是如何进行的,以及在我们学习深度学习之前,读者应该具备哪些预备知识。

第 2 章 Python 开发环境搭建介绍了本书使用的操作系统与编程环境,即在 Windows 与 Linux 操作系统下的 Python 开发环境搭建。

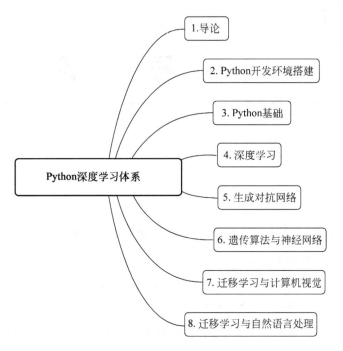

图 1.1 本书学习路线

第 3 章 Python 基础主要介绍了本书使用的编程语言,将会涉及 Python 的语法与其高阶用法。这是本书最为基础的一部分,而且本书所有章节的案例基本以 Python 为基础编写,因此笔者将尽可能用同一套代码帮助大家将知识点串联起来。当然,已经对 Python 相对熟悉的读者,可以跳过本章内容。

第 4 章深度学习是整本书的精华所在,笔者将会给大家详细介绍深度学习中的常见网络,并配套相应的案例,以帮助大家掌握整个深度学习的重点。更进一步,笔者以本章为基础,衍生出第 5~8 章,帮助大家更进一步了解深度学习的当前热点与未来趋势。

第 5 章生成对抗网络书写了一个以假乱真的剧本。近年来 AI 换脸等技术火爆全球,离不开这个网络的点滴贡献。生成对抗网络能够学习数据的分布规律,并创造出类似真实世界的对象,如图像、文本等。从以假乱真的程度上看,它甚至可以被誉为深度学习中的艺术家。因此,生成对抗网络也逐步成为人们研究的热点。

第 6 章遗传算法与神经网络描绘了一个优胜劣汰的传承。它们是结合了神经网络和遗传算法与进化策略产生的一种全新模型。它们通过模仿自然界"适者生存"的原则来赋予神经网络在代际循环中优化的力量,能有效克服传统神经网络在训练过程中的缺点。因此,遗传算法与神经网络两者的结合也逐步成为未来科研的热点。

第 7 章迁移学习与计算机视觉讲述了一个站在巨人肩膀上的故事。随着越来越多的深度学习应用场景的出现,人们不可避免会去想,如何利用已训练的模型去完成相类似的任务,毕竟重新训练一个优秀的模型需要耗费大量的时间和算力,而在前人的模型上修修补补、举一反三无疑是最好的办法。因此,笔者将在本章给大家介绍迁移学习与计算机视觉的故事。

第8章迁移学习与自然语言处理是迁移学习的另一个篇章。迁移学习一路前行,走进了自然语言处理的片场。迁移学习在自然语言处理(NLP)领域同样也是一种强大的技术。迁移学习的有效性引起了理论和实践的多样性,人们通过迁移学习与自然语言处理两者相结合,高效地完成了各种NLP的实际任务。

1.2 人工智能与深度学习

视频讲解

在进入本书学习之前,我们要了解一下人工智能与深度学习的关系,这有助于我们更好地掌握整体的深度学习知识体系。

早在1956年,人工智能这个概念就被人们所提出。从概念的提出到成为现实,人工智能经历了两次起伏,从奉为明珠到避之不及再到趋之若鹜,这其中伴随着的是技术的革命:运算和存储资源变得廉价及数据开始成为"黄金",这都在推动着人工智能的发展。

人工智能顾名思义就是人工赋予机器智能,但与人工智能先驱们所设想的赋予机器独立思考能力的"强人工智能"不一样,目前我们所说的人工智能都是"弱人工智能"。它能与人一样实现一些既定的任务,例如人脸识别、垃圾邮件分类等,有时甚至可以超越人类。

深度学习则是人们通过仿生学创造性提出的一种人工神经网络技术。人们通过训练这些神经网络,使其出色地完成了很多机器学习任务。因此,深度学习是人工智能历史上一个重大突破,它拓展了人工智能的领域范围并促进了人工智能的发展。

如图1.2所示,人工智能包裹着机器学习,机器学习包裹着深度学习。简单来讲,人工智能是一个概念,机器学习是实现人工智能的一种方法,而深度学习是实现机器学习的一种技术。当然,实现机器学习的方法包含但不仅限于深度学习,还包括强化学习或者传统的机器学习技术等。深度学习最近已受到研究人员越来越多的关注,并已成功地应用于众多现实应用中。深度学习算法可以通过监督学习的方法来自动提取数据特征,进而从海量数据中学习数据的规律。相比之下,传统的机器学习方法需要手动设计特征,从而增加了用户的负担,这使深度学习超越了传统的机器学习。我们可以认为深度学习是机器学习中基于大规模数据的学习算法。

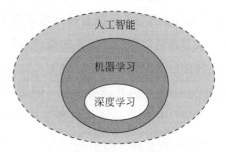

图1.2 人工智能与深度学习关系图

1.3 深度学习的算法流程

视频讲解

从本节开始,我们正式进入本书的学习。为此,我们先要了解深度学习的整体流程是怎么一回事。深度学习的整体流程如图1.3所示:数据集切分为训练集、验证集和测试集。训练集用以训练深度学习模型;验证集用以评估模型结果,进而辅助模型调参;测试集用以模型的预测。一般而言,训练集、验证集与测试集的比例为7:2:1。

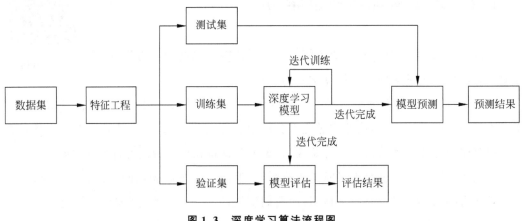

图1.3 深度学习算法流程图

1.3.1 特征工程

目前业界有句话被广为流传:"数据和特征决定了机器学习的上限,而模型与算法则是逼近这个上限而已。"因此,特征工程做得好,我们得到的预期结果也就好。那特征工程到底是什么?在此之前,我们得了解特征的类型:文本特征、图像特征、数值特征和类别特征等。我们知道计算机并不能直接处理非数值型数据,那么在我们要将数据灌入机器学习算法之前,就必须将数据处理成算法能理解的格式,有时甚至需要对数据进行一些组合处理,如分桶、缺失值处理和异常值处理等。这也就是特征工程做的事:提取和归纳特征,让算法最大限度地利用数据,从而得到更好的结果。

不过,相较于传统的机器学习,深度学习的特征工程会简单许多,我们一般将数据处理成算法能够理解的格式即可,后期对神经网络的训练,就是提取和归纳特征的过程。这也是深度学习能被广泛使用的原因之一:特征工程能够自动化。因此,本书所涉及的特征工程主要是文本预处理、图像预处理和数值预处理(归一化),这些均会通过案例进行讲解。

1.3.2 模型评估

模型评估指标有很多种,因此根据问题去选择合适的评估指标是衡量结果好坏的重要方法。所以,我们需要知道评估指标的定义,从而选择正确的模型评估方式,才能知道模型的问题所在,进而对模型进行参数调优。深度学习模型执行的任务可以归为两类:分类任务和回归(预测)任务。为此我们也有不同的指标去评估模型。

1. 分类任务评估指标

1) 准确率(accuracy)

准确率是指对于给定数据集的预测结果,分类正确的样本数占总样本数的百分比。但是对于不均衡的训练集来说,这就会有致命的缺陷,因为当负样本占比在99%时,模型只要将结果都预测为负样本,准确率就达到了99%。在这种情况下,利用准确率对模型进行评估并不是最合理的评估方式。

$$准确率 = \frac{n_{\text{correct}}}{n_{\text{total}}} \tag{1.1}$$

2) 精确率(precision)和召回率(recallrate)

精确率和召回率是一对衡量检索系统的指标,精确率衡量的是检索系统推送出来的真实正确结果(TP)与推送出来的所有正确结果(TP+FP)的占比,召回率衡量的是系统推送出来的真实正确结果(TP)与整个系统的实际正确结果(TP+FN)的占比。但精确率和召回率是矛盾统一的一对指标,为了提高精确率,模型需要更有"把握"把真正的正样本识别出来,这样必然会放弃一些没有"把握"(但实际是正样本)的正样本,从而导致召回率降低。下面我们通过一个二分类混淆矩阵来示意这两个指标是如何计算的。如表1.1所示,TP是正类样本中被分类器预测为正类的数目,FN是正类样本中被分类器预测为负类的数目,FP是负类样本中被分类器预测为正类的数目,TN是负类样本中被分类器预测为负类的数目。

表 1.1 二分类结果混淆矩阵

真实情况	预测结果	
	正样本	负样本
正样本	TP	FN
负样本	FP	TN

$$精确率 = \frac{\text{TP}}{\text{TP} + \text{FP}} \tag{1.2}$$

$$召回率 = \frac{\text{TP}}{\text{TP} + \text{FN}} \tag{1.3}$$

3) F_1 Score 和 ROC 曲线

(1) F_1 Score 是精确率和召回率的调和平均值:

$$F_1 \text{Score} = \frac{2 \times 精确率 \times 召回率}{精确率 + 召回率} \tag{1.4}$$

有时我们对精确率和召回率的重视程度不同，可以引入 $F_\beta \text{Score}$，它是 $F_1 \text{Score}$ 的一般形式：

$$F_\beta \text{Score} = \frac{(1+\beta^2) \times 精确率 \times 召回率}{\beta^2 \times 精确率 + 召回率} \tag{1.5}$$

当 $\beta=1$ 时，退化成 $F_1 \text{Score}$；当 $\beta>1$ 时，侧重召回率；当 $\beta<1$ 时，侧重精确率。

(2) ROC 曲线(Receiver Operating Characteristic)：一开始用于心理学、医学检测应用，此后被引入机器学习领域，用以评估模型泛化性能好坏。ROC 曲线的线下面积(AUC)越大，也就意味着该模型的泛化性能越好。

(3) 绘制 ROC 曲线：真阳率(TPR)作为纵坐标，表示正样本中被分类器预测正类的数目与总正样本数目之比；假阳率(FPR)作为横坐标，表示负类样本中被分类器预测为正类的数目与总负样本数目之比。ROC 曲线示意图如图 1.4 所示，这里介绍一个简单绘制 ROC 曲线的方法：根据标签统计出正负样本的数目，正样本数目记为 P，负样本数目记为 N；其次，横轴刻度记为 $1/N$，纵轴刻度记为 $1/P$；接着，将模型预测的概率从大到小进行排序；最后，从零点开始，依次遍历排序好的概率，遇到正样本则纵轴刻度上升 $1/P$，遇到负样本则横轴刻度右移 $1/N$，直至遍历完所有样本，最终停在点(1,1)上，至此，ROC 曲线绘制完成。它的线下面积 AUC 一般在 0.5~1，若小于 0.5，直接将模型的预测概率反转为 $1-P$，然后重新计算 AUC 即可。AUC 越大，说明分类器越稳健，将真正的正类样本放在前面的能力越强。

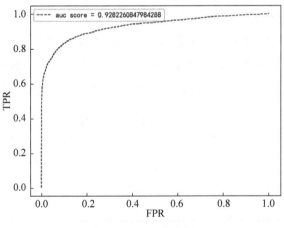

图 1.4 ROC 曲线图

一般地，很多机器学习任务的数据集并不是均衡的，例如诈骗信息分类，诈骗信息和正常信息之间的占比有时能会到 1∶1000。为了能更好地衡量模型的有效性，我们应该选择 ROC 曲线和 $F_1 \text{Score}$ 作为评估指标。因为它们能够无视样本不均衡的情况，并根据预测结果给出最合理的评估。

2. 回归任务评估指标

回归是确定两种或两种以上的变量间相互依赖的定量关系的方法,简单来讲就是对自变量 X 和因变量 Y 建立函数关系式。为了评估这个函数关系式的有效性,我们可以通过以下几个评估指标来衡量。其中,f_i 为模型预测值,y_i 为实际值。

1) 均方误差(MSE)

$$\text{MSE} = \frac{1}{n}\sum_{i=1}^{n}(f_i - y_i)^2 \tag{1.6}$$

2) 均方根误差(RMSE)

$$\text{RMSE} = \sqrt{\text{MSE}} \tag{1.7}$$

3) 平均绝对误差(MAE)

$$\text{MAE} = \frac{1}{n}\sum_{i=1}^{n}|f_i - y_i| \tag{1.8}$$

以上 3 种回归任务评估指标除了计算方式不同,评估的意义都是一样的,都是对预测值和真实值之间的误差进行评估。因此我们选择其中一种作为评估指标即可。

1.4 总结

本章的内容并不多,总体是为了介绍整本书的学习路线和人工智能与深度学习的关系,以及深度学习算法的整体流程,让大家对深度学习有一个全局的认识。接下来的章节,笔者将会按照本章所设计的学习路线,逐步带领大家揭开深度学习的神秘面纱。

第 2 章 Python 开发环境搭建

CHAPTER 2

古语有云:"工欲善其事,必先利其器。"搭建开发环境是学习本书原理与实验必不可少的环节。本章节主要介绍 Linux 服务器与 Windows 操作系统 Python 开发环境的安装,以及如何在这两个平台上使用 Jupyter Notebook。Jupyter Notebook 是基于网页的交互计算应用程序。其可被应用于全过程计算:开发、文档编写、运行代码和展示结果。本书大部分代码均在 Jupyter Notebook 上完成。当然了,有些读者可能用不惯 Jupyter Notebook,因为它并不具备调试功能,而大型软件的开发又离不开集成开发环境(Integrated Development Environment,IDE)软件,因此笔者也顺带讲述如何安装和使用 IDE 软件 PyCharm,并利用 PyCharm 远程连接 Linux 服务器,达到同步并运行代码的功能,以提高开发效率。

2.1 Linux 服务器

视频讲解

2.1.1 下载与安装

下载 mobaxterm 软件,这个软件可以帮助大家在 Windows 操作系统远程连接 Linux 服务器,且该软件是开源免费的。

https://mobaxterm.mobatek.net/download.html

2.1.2 使用 mobaxterm 连接远程服务器

(1) 创建 Session 连接远程服务器,如图 2.1 所示。

图 2.1 Session

(2) 选择 SSH 连接,如图 2.2 所示。

图 2.2　SSH 连接

(3) 输入 Linux 服务器(Remote host)与用户名(Specify username),单击"OK"之后,输入服务器密码即可,如图 2.3 所示。

图 2.3　账户与密码

2.1.3 在服务器上安装 Python 开发环境

（1）Anaconda 简介与下载

Anaconda 是一个开源的 Python 发行版本，其包含了 conda、Python 等 180 多个科学包及其依赖项。Anaconda3 是 Python3.X 的意思，选用 Anaconda 是因为能避免 Python 包之间的版本依赖错误，而且从 2020 年开始，官方停止维护 Python2.X，因此我们直接下载 Anaconda 3 即可。如图 2.4 所示，下载 Linux 版本的 Anaconda，然后上传至服务器。

https://www.Anaconda.com/distribution/#download-section

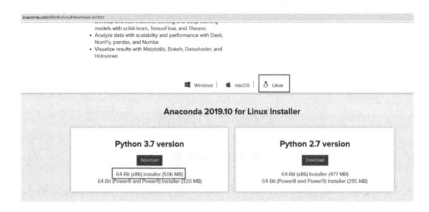

图 2.4　Anaconda 3.7 Linux 版本

（2）安装 Anaconda 3

1. ♯切换至存放 Anaconda 3 的文件目录
2. sh Anaconda 文件.sh

（3）配置 Anaconda 系统环境

1. ♯ 1.在自己的服务器目录下
2. **vim .bashrc** ♯打开.bashrc 文件
3. ♯ 2.在.bashrc 文件底部添加
4. alias ChilePython = '/home/xxx/Anaconda3/bin/python'
5. ♯为了避免与其他服务器用户产生命令冲突，
6. ♯可以使用自己的英文名 + Python 替代 python
7.
8. **export** PATH = /home/xxx/Anaconda3/bin:$PATH
9. ♯配置 Anaconda 的系统环境，让系统能索引到 Anaconda

2.1.4 Jupyter Notebook 的使用

（1）配置 Jupyter Notebook

1. ♯配置 Jupyter Notebook,在命令行输入

2. jupyter notebook --generate-config

（2）创建远程访问 Jupyter Notebook 的密码

1. ♯输入 Ipython 或者 ChilePython 进入 Python 编程环境
2. from notebook.auth **import** passwd
3. passwd()   ♯修改密码
4. Enter password:
5. Verify password:
6. ♯密码会存放在一个 json 文件中，或者直接打印在屏幕上，如下所示
7. 'sha1:1295456bce22:835c2e84331d99621def6ab0857f0e8bc34692d4'

（3）Jupyter Notebook 的配置参数

1. ♯进入配置文件 jupyter_notebook_config.py
2. vim ~/.jupyter/jupyter_notebook_config.py   ♯在命令行输入
3.
4. ♯修改 jupyter_notebook_config.py
5. c.NotebookApp.ip = '*'
6. c.NotebookApp.password = u'sha1:1295456bce22:835c2e84331d99621def6ab0857f0e8bc34692d4'
7. c.NotebookApp.open_browser = False
8. c.NotebookApp.port = 8888

（4）使用 Jupyter Notebook

1. ♯使用 screen 命令，可以让 jupyter 一直开着
2. screen jupyter notebook -- ip 0.0.0.0

（5）使用浏览器远程访问 Jupyter Notebook：在浏览器中输入服务器 ip：端口号，而后输入密码即可使用 Jupyter Notebook，如图 2.5 所示。

图 2.5　访问 Jupyter Notebook

2.2　Windows 平台

2.2.1　下载 Anaconda

同样地，我们在 Anaconda 官网下载 Windows 版本 Anaconda 3.7，如图 2.6 所示。

https://www.Anaconda.com/distribution/#download-section

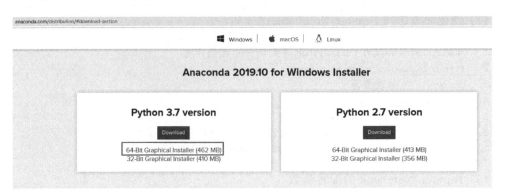

图 2.6 Anaconda 3.7 Windows 版本

2.2.2 安装配置

安装 Windows 版本的 Anaconda 3.7，如图 2.7 所示。

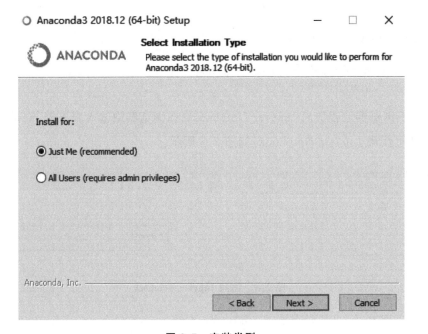

图 2.7 安装类型

2.2.3 安装路径配置

我们可以使用默认安装路径，也可以自行选择，如图 2.8 所示。

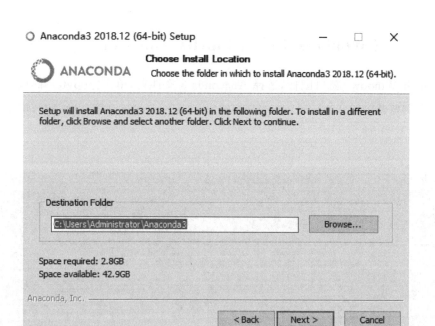

图 2.8　配置安装路径

2.2.4　系统环境配置

我们默认 Anaconda 为系统 Python(即全部勾选)，如图 2.9 所示。

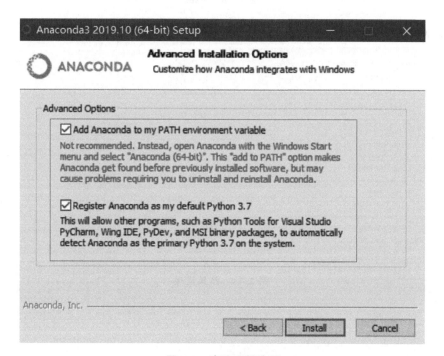

图 2.9　高阶配置选项

2.2.5 在 Windows 上使用 Jupyter Notebook

(1)单击 Windows 窗口图标,选择 Anaconda 3 文件夹,单击"Jupyter"即可。

(2)在浏览器中输入 127.0.0.1:8888 或者 localhost:8888(第一次打开,可能需要输入 token),如图 2.10 所示。

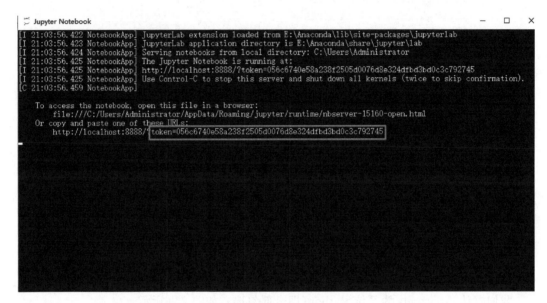

图 2.10　token

(3)结果呈现,如图 2.11 所示。

图 2.11　结果呈现

2.3　使用 Anaconda 国内源

Anaconda 发行版默认是国外的源，因此下载一些 Python 包会比较慢。因此，我们需要更换成国内的源，一般是清华源或者中科大源。Windows 用户在 cmd 命令行输入更换命令，Linux 用户在 bash 命令行输入更换命令。

2.3.1　更换清华源

```
1. conda config -- add channels https://mirrors.tuna.tsinghua.edu.cn/Anaconda/pkgs/free/
2.
3. conda config -- add channels https://mirrors.tuna.tsinghua.edu.cn/Anaconda/pkgs/main/
4.
5. conda config -- add channels https://mirrors.tuna.tsinghua.edu.cn/Anaconda/cloud/pytorch/
6.
7. conda config -- set show_channel_urls yes
```

2.3.2　更换中科大源

```
1.  conda config -- add channels https://mirrors.ustc.edu.cn/Anaconda/pkgs/main/
2.
3.  conda config -- add channels https://mirrors.ustc.edu.cn/Anaconda/pkgs/free/
4.
5.  conda config -- add channels https://mirrors.ustc.edu.cn/Anaconda/cloud/conda-forge/
6.
7.  conda config -- add channels https://mirrors.ustc.edu.cn/Anaconda/cloud/msys2/
8.
9.  conda config -- add channels https://mirrors.ustc.edu.cn/Anaconda/cloud/bioconda/
10.
11. conda config -- add channels https://mirrors.ustc.edu.cn/Anaconda/cloud/menpo/
12.
13. conda config -- set show_channel_urls yes
```

2.3.3　pip 设定永久阿里云源

有时候 Anaconda 不包含某些 Python 包的链接，导致无法安装这些包。因此，我们需要用 pip install xxx_package 来安装。同样地，为了下载更迅速，我们依旧将 pip 的下载源换成国内的阿里云源。Windows 和 Linux 用户在自己平台的命令行下输入以下更换命令即可。

```
1. pip config set global.index-url https://mirrors.aliyun.com/pypi/simple
```

2.4 Python 虚拟环境

视频讲解

一般来说，大家只是拥有 Linux 服务器的运行代码权限，也就是说只能用这个服务器去运行程序，而不能对服务器进行一些特定的修改。不过有时候我们需要安装一些特定的包来运行我们的程序，这时候为了不修改当前环境，需要创建一个 Python 虚拟环境，我们可以在上面自由安装，而不影响当前环境，用完退出虚拟环境即可。

2.4.1 创建 Python 虚拟环境

前面我们已经介绍了 Anaconda 的安装，这里我们用 Anaconda 的命令来创建虚拟环境。使用 conda create -n your_env_name python=X.X(2.7、3.6)，使用该命令创建 Python 版本为 X.X，名字为 your_env_name 的虚拟环境，如图 2.12 所示。your_env_name 文件可以在 Anaconda 安装目录 envs 文件下找到。

1. conda create -n poppy_leo_tf python==3.6

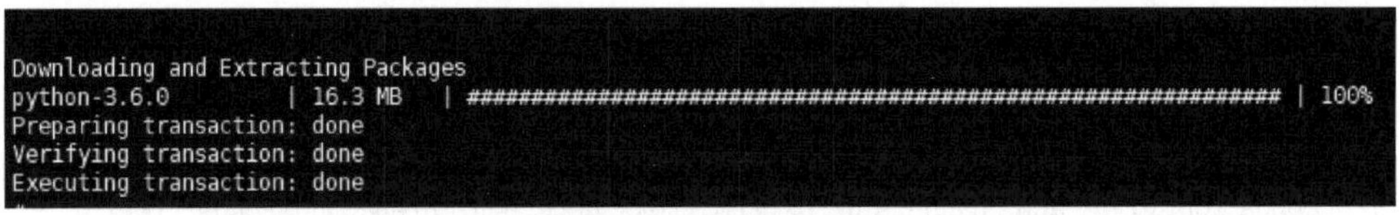

图 2.12 创建虚拟环境

2.4.2 切换虚拟环境

我们输入以下命令来切换虚拟环境，如图 2.13 所示。

1. source activate poppy_leo_tf

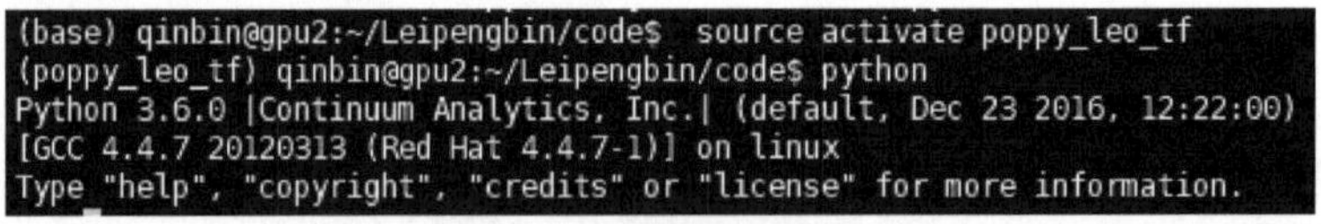

图 2.13 切换虚拟环境

2.4.3 在虚拟环境中安装额外的包

在虚拟环境中使用命令 conda install your_package 即可安装 package 到 your_env_name 中。conda 会自动安装相关的从属包及 cudnn 的对应版本。如 conda install tensorflow-gpu==1.12.0 安装完成后，在虚拟环境中打开 Python，导入 TensorFlow 进行测试，如图 2.14 所示。

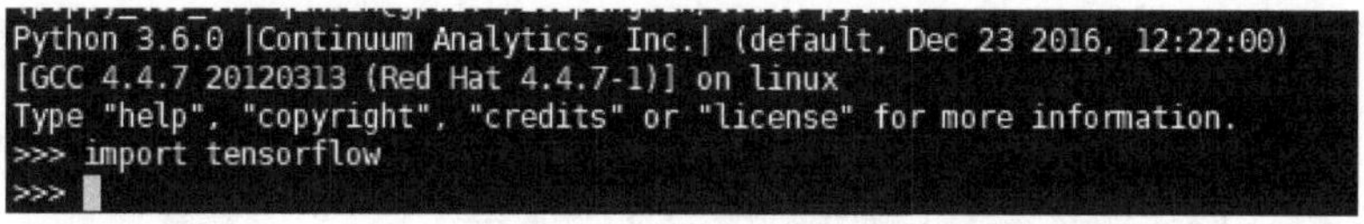

图 2.14 测试安装包

2.4.4 虚拟环境的相关命令

1. source deactivate   ＃退出虚拟环境
2.
3. conda remove –n your_env_name(虚拟环境名称) --all   ＃删除虚拟环境
4.
5. conda remove -- name your_env_name package_name   ＃删除环境中的某个包

2.5 PyCharm 远程连接服务器

视频讲解

2.5.1 下载 PyCharm 专业版

读者可以在官网使用校园邮箱注册，在安装过程中使用注册的账号进行登录，就可以免费使用 PyCharm 专业版，如图 2.15 所示。

https://www.jetbrains.com/pycharm/download/＃section=windows

图 2.15 PyCharm 下载页面

2.5.2 PyCharm 连接虚拟环境

(1) 选择 File→Settings→Project Interpreter,单击"Next"按钮,如图 2.16 所示。

图 2.16 连接虚拟环境

选择 SSH Interpreter,输入远程服务器的账户与密码,如图 2.17 所示。

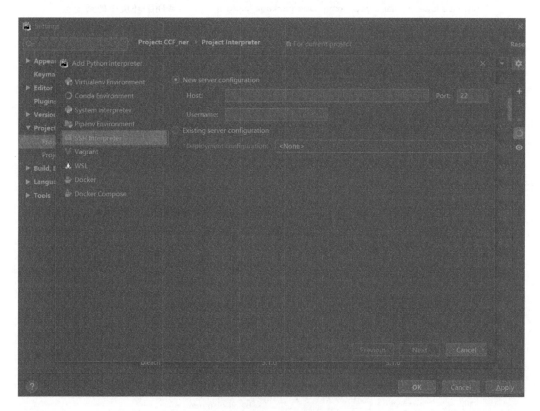

图 2.17 输入账户与密码

(2) 正确填写密码,单击"Next"按钮,如图 2.18 所示。

(3) 输入密码成功后,选择刚刚创建好的虚拟环境,单击"OK"按钮即可连接虚拟环境,如图 2.19 所示。

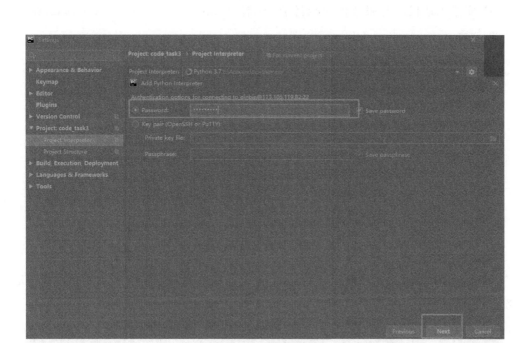

图 2.18 密码填写

图 2.19 选择虚拟环境

（4）配置本地代码与服务器同步目录，选择 Tools→Deployment→Configuration，如图 2.20 所示。

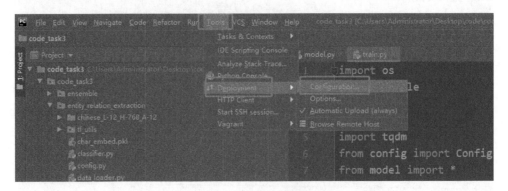

图 2.20　配置代码同步目录

（5）选择刚刚创建好的 SSH Interpreter，并选择服务器同步路径，此时便可同步本地与服务器之间的代码了，如图 2.21 所示。

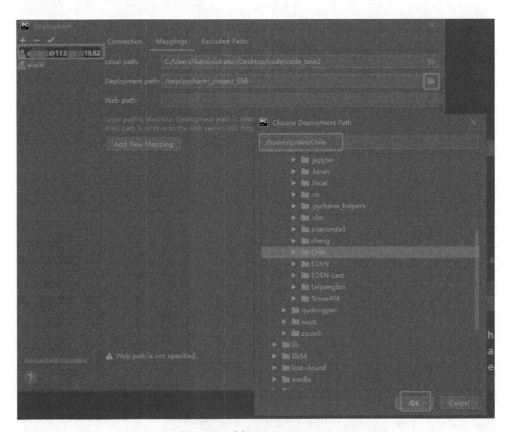

图 2.21　选择 SSH Interpreter

2.5.3 使用 screen 进行任务管理

当程序运行时间较长时,我们在当前 Linux 窗口直接运行程序,程序或许会因为网络问题异常终止。我们可以使用 screen 来解决本地突然离线的问题,因为 screen 相当于创建一个后台窗口在服务器,本地连接中断并不会影响正在运行的程序。我们在命令行输入 screen -ls 命令,效果如图 2.22 所示。

```
1. # 常用的 screen 命令
2. screen - S name          # 创建一个窗口
3. screen - ls              # 查看当前已经创建的窗口
4. screen - d - r name      # 回到名字为 name 的窗口
5. screen - X - S name quit # 关闭名字为 name 的窗口
```

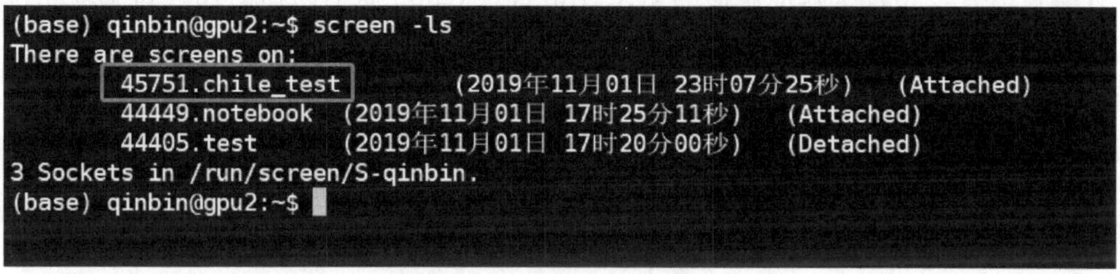

图 2.22　screen -ls 示意图

最后,读者在使用深度学习框架运行模型时需要指定 GPU,否则程序将会把所有 GPU 都占了,严重影响他人使用 GPU。

```
1. # Python 指定 GPU 代码
2. gpu_id = 4
3. os.environ["CUDA_VISIBLE_DEVICES"] = str(gpu_id)
```

2.6　总结

这一章主要介绍了 Python 开发环境的搭建和常见工具及命令的使用,目的是让读者在学习深度学习之前,先掌握操作深度学习的工具,因为人类能力的加成均来源于工具。所以,虽然本章相对烦琐,但读者们也需耐心阅读,力求掌握。

第 3 章 Python 基础

CHAPTER 3

Python 是著名的工程师 Guido van Rossum 在 1989 年为了打发无聊的圣诞节而开发的一种编程语言。相较于晦涩难懂的 C、C++语言，Python 简洁易懂的代码和众多优秀的基础代码库，让它迅速跃迁为全世界最流行的语言之一。我们用它来开发应用软件无须从零开始，调用已有的库即可实现相应的功能。

3.1 Python 简介

视频讲解

对于刚刚从事编程工作或者刚开始学习编程的读者来说，Python 简直是一种"除了不能生孩子，干什么都行的工具"。它就像是一把枪，只要装上子弹，扣扳机发射就可以了，而 C、C++这些语言更像是倚天剑和屠龙刀，需要深厚的内力才能把它用起来。

当然，Python 还是有它所不能企及的领域，例如编写操作系统，这个必须由 C 语言去完成，因为 C 语言是最贴近硬件的一门语言，用它编写的操作系统运行速度非常快。因此，Python 这种被高度封装的语言，由于运行速度较慢，一般适合编写高级应用程序，相对底层的程序还是需要别的语言去完成。

运行速度慢只是 Python 其中一个缺点，不能加密能算得上它另外一个大缺点了，不过本着互联网开源免费的精神，代码不能加密在笔者看来也算不上缺点。

最后一个缺点就是版本了，目前 Python 有两个版本，2.X 和 3.X，它们有些不兼容，至于如何不兼容，笔者在此就不赘述了，因为 Python 的 2.X 版将在 2020 年被官方停止维护。因此，刚刚入门 Python 这门语言的读者直接上手 Python 3.X 版本即可。

3.2 Python 初阶学习

3.2.1 变量赋值

1. #/chapter3/3_2_Basis.ipynb

```
2.  a = 1                  # 单变量赋值
3.  c = b = 2              # 多变量赋值
4.  print(a)
5.  print(b, c)
```

```
1
2 2
```

```
1.  # 变量类型
2.  name = 'Chile'         # 字符串
3.  miles = 1000.0         # 浮点型
4.  num = 100              # 整形
5.  # 打印变量类型
6.  print(type(name))
7.  print(type(miles))
8.  print(type(num))
    <class 'str'>
    <class 'float'>
    <class 'int'>
```

3.2.2 标准数据类型

1. Python 有 6 个标准的数据类型

（1）Numbers（数字）

（2）String（字符串）

（3）List（列表）

（4）Tuple（元组）

（5）Dictionary（字典）

（6）Set（集合）

其中，List、Tuple、Dictionary 和 Set 可以放任意数据类型。

2. 数字

```
1.  # Numbers: int & float
2.  a = 1                  # int
3.  b = 1.0                # float
```

3. 字符串

```
1.  # String
2.  my_name = 'Chile'
3.  print(my_name[0])      # 打印第 0 个字符
4.  print(my_name[1: 3])   # 打印第 1 个到第 2 个的字符
```

```
5.  print(my_name[2:])      # 打印第 2 个到最后 1 个的字符
6.  print(my_name[-1])      # 打印倒数第 1 个字符
```

```
C
hi
ile
e
```

4. 列表

```
1.  # List 可以放任意类型的数据类型
2.  num_list = [1, 2, 3, 4]
3.  str_list = ['Chile', 'b', 'c']
4.  mix_list = ['a', 1, 1.0, num_list, str_list]
5.  print(num_list)
6.  print(str_list)
7.  print(mix_list)
```

```
[1, 2, 3, 4]
['Chile', 'b', 'c']
['a', 1, 1.0, [1, 2, 3, 4], ['Chile', 'b', 'c']]
```

5. 元组

```
1.  # Tuple 可以放任意类型的数据类型
2.  mix_tuple = ('chile', 111, 2.2, 'a', num_list)   # 不可赋值
3.  print(mix_list[1])
4.  print(mix_tuple)
5.  mix_tuple[1] = 1          # 不可赋值,否则报错
```

```
1
('chile', 111, 2.2, 'a', [1, 2, 3, 4])
---------------------------------------------------------------
TypeError                                 Traceback (most recent call last)
<ipython-input-26-594ace6ddd44> in <module>()
      3 print(mix_list[1])
      4 print(mix_tuple)
----> 5 mix_tuple[1] = 1 # 不可赋值,否则报错
TypeError: 'tuple' object does not support item assignment
```

6. 字典

```
1.  # Dictionary 可以放任意类型的数据类型
2.  test_dict = {'name': 'Chile', 'age': 18, 'num_list': num_list, 'tuple': mix_tuple}
```

```
3.  print(test_dict)
4.  print(test_dict.keys())           # 打印键
5.  print(test_dict.values())         # 打印值
6.  print(test_dict['name'])
7.  print(test_dict['num_list'])
8.  print(test_dict['tuple'])
```

```
{'name': 'Chile', 'age': 18, 'num_list': [1, 2, 3, 4], 'tuple': ('chile', 111, 2.2, 'a', [1, 2, 3, 4])}
dict_keys(['name', 'age', 'num_list', 'tuple'])
dict_values(['Chile', 18, [1, 2, 3, 4], ('chile', 111, 2.2, 'a', [1, 2, 3, 4])])
Chile
[1, 2, 3, 4]
('chile', 111, 2.2, 'a', [1, 2, 3, 4])
```

7. 字典的赋值陷阱

```
1.  # 直接字典赋值，被赋值的字典的值改变,原字典也会改变
2.  test_dict_copy = test_dict
3.  test_dict_copy['name'] = 'alialili'
4.  print(test_dict['name'])
5.  print(test_dict_copy['name'])
```

```
alialili
alialili
```

```
1.  # 使用深复制避免这种情况发生
2.  from copy import deepcopy
3.  test_dict_copy = deepcopy(test_dict)
4.  test_dict_copy['name'] = 'Mary'
5.  print(test_dict['name'])
6.  print(test_dict_copy['name'])
```

```
alialili
Mary
```

8. 集合

```
1.  # 可以放任意类型的基础数据类型
2.  # Set 集合：与数学意义上的集合意义一致,集合内每一个值都是唯一的
3.  test_set = {'abc', 1, 1, '1', 'chile'}
4.  print(test_set)    # 因为集合的去重功能,打印出来只有一个数字 1
```

```
{1, 'chile', '1', 'abc'}
```

3.2.3 数据类型转换

```python
1.  tr_a = '1'
2.  int_b = int(tr_a)            # 字符串转数字
3.  str_c = str(int_b)           # 数字转字符串
4.  float_d = float(str_c)       # 字符串转浮点
5.  print(type(tr_a))
6.  print(type(int_b))
7.  print(type(str_c))
8.  print(type(float_d))
9.  print('--------------- ')
10. tr_list = [1, 2, 3]
11. set_a = set(tr_list)         # 列表转集合
12. list_b = list(set_a)         # 集合转列表
13. print(type(tr_list))
14. print(type(set_a))
15. print(type(list_b))
```

```
<class 'str'>
<class 'int'>
<class 'str'>
<class 'float'>
---------------
<class 'list'>
<class 'set'>
<class 'list'>
```

3.2.4 算术运算符

```python
1.  # 运算符
2.  a = 2
3.  b = a + 2
4.  c = a - 1
5.  d = a * b
6.  e = d / c
7.  f = d % c                    # 取余
8.  g = 3 // 2                   # 整除(向下取整)
9.  h = 2 ** 3                   # 求幂
10. print('c:', c)
11. print('d:', d)
12. print('e:', e)
13. print('f:', f)
```

```
14.  print('g:', g)
15.  print('h:', h)
```

```
c: 1
d: 8
e: 8.0
f: 0
g: 1
h: 8
```

3.2.5 格式化

%s 代表字符串,%d 代表整数,%f 代表浮点,%.2f 代表保留小数点后两位。

```
1.  # 格式化
2.  print('abc %d, dhfjdhfhdh, %s, sjdhsjhdhs, skdjskjsk %f,sdjsdhs' % (1, 'Chile', 1.0))
3.  # %.2f 保留小数点后两位
4.  print('abc %d, dhfjdhfhdh, %s, sjdhsjhdhs, skdjskjsk %.2f,sdjsdhs' % (1, 'Chile', 1.0))
```

```
abc 1, dhfjdhfhdh, Chile, sjdhsjhdhs, skdjskjsk1.000000,sdjsdhs
abc 1, dhfjdhfhdh, Chile, sjdhsjhdhs, skdjskjsk1.00,sdjsdhs
```

3.3 Python 进阶学习

视频讲解

3.3.1 循环

两种循环：for 循环与 while 循环。

1. for 循环打印 List

```
1.  # /chapter3/3_3_Basis_Advance.ipynb
2.  str_list = ['Chile', 'b', 'c']
3.
4.  print('第 1 种循环取值方式:直接取值')
5.  for sub_str in str_list:
6.      print(sub_str)
7.
8.  print('--------------------------')
9.  print('第 2 种循环取值方式:索引取值')
10. for i in range(len(str_list)):
11.     print(str_list[i])
```

```
第 1 种循环取值方式:直接取值
Chile
b
c
---------------------------
第 2 种循环取值方式:索引取值
Chile
b
c
```

2. while 循环打印 List

```
1.  str_list = ['Chile', 'b', 'c']
2.  i = 0
3.  while i < len(str_list):
4.      print(str_list[i])
5.      i + = 1
```

```
Chile
b
c
```

3. for 循环打印 Tuple

```
1.  str_list = ['Chile', 'b', 'c']
2.  mix_tuple = ('chile', 111, 2.2, 'a', str_list)    # 不可赋值
3.  print('第 1 种循环取值方式:直接取值')
4.  for sub_tuple in mix_tuple:
5.      print(sub_tuple)
6.
7.  print('--------------------------- ')
8.  print('第 2 种循环取值方式:索引取值')
9.  for i in range(len(mix_tuple)):
10.     print(mix_tuple[i])
```

```
第 1 种循环取值方式:直接取值
chile
111
2.2
a
['Chile', 'b', 'c']
---------------------------
第 2 种循环取值方式:索引取值
```

```
chile
111
2.2
a
['Chile', 'b', 'c']
```

4. while 循环打印 Tuple

```
1.  str_list = ['Chile', 'b', 'c']
2.  mix_tuple = ('chile', 111, 2.2, 'a', str_list)    # 不可赋值
3.  i = 0
4.  while i < len(mix_tuple):
5.      print(mix_tuple[i])
6.      i += 1
```

```
chile
111
2.2
a
['Chile', 'b', 'c']
```

5. for 循环打印 Dictionary

```
1.  str_list = ['Chile', 'b', 'c']
2.  mix_tuple = ('chile', 111, 2.2, 'a', str_list)    # 不可赋值
3.  num_list = [1, 2, 3, 4]
4.  test_dict = {'name': 'Chile', 'age': 18, 'num_list': num_list, 'tuple': mix_tuple}
5.  for key in test_dict.keys():    # 键值对打印法
6.      print('key:', key)
7.      print('value:', test_dict[key])
8.      print('-------------- ')
```

```
key: name
value: Chile
--------------
key: age
value: 18
--------------
key: num_list
value: [1, 2, 3, 4]
--------------
key: tuple
value: ('chile', 111, 2.2, 'a', ['Chile', 'b', 'c'])
--------------
```

6. for 循环打印 Set

```
1.  test_set = {'abc', 1, 1, '1', 'chile'}
2.  for value in test_set:
3.      print(value, ' ', type(value))
```

```
abc  <class 'str'>
1    <class 'int'>
1    <class 'str'>
chile <class 'str'>
```

3.3.2 条件语句

＝＝：恒等符号。

！＝：不等符号。

＞：大于号。

＜：小于号。

＞＝：大于或等于号。

＜＝：小于或等于号。

and：与。

or：或。

not：非。

```
1.  a = 1           # 数字
2.  b = '1'         # 字符串
3.  if a == b:
4.      print('a == b')
5.  else:
6.      print('a != b')
```

```
a != b
```

```
1.  a = 1
2.  b = 2
3.  if a > b:
4.      print('a > b')
5.  elif a < b:
6.      print('a < b')
7.  else:
8.      print('a == b')
```

```
a < b
```

```
1.  a = True
2.  b = False
3.  if a and b:
4.      print('True')
5.  else:
6.      print('False')
7.
8.  if a or b:
9.      print('True')
10. else:
11.     print('False')
12.
13. if a and (not b):
14.     print('True')
15. else:
16.     print('False')
```

```
False
True
True
```

3.3.3 文件 I/O

权限有以下几种:

w：写权限。

r：读权限。

a：在原有文本的基础上追加文本的权限。

互联网上的文件有很多格式,这里只是举个例子让大家有个直观的感受。至于更多格式的读写,大家可以通过互联网去搜索,Python兼容很多文件格式的读写,且代码风格都差不多。

```
1.  with open('text.txt', 'w') as fw:    ＃只有文件名,默认文件在统计目录
2.      string = 'I am chile!'
3.      for i in range(5):
4.          fw.write(string + '\n')

1.  with open('text.txt', 'r') as fr:
2.      for line in fr:
3.          print(line)
```

```
I am chile!
I am chile!
I am chile!
I am chile!
I am chile!
```

```
1.  with open('text.txt', 'a') as fw:
2.      string = 'You are handsome!'
3.      for i in range(5):
4.          fw.write(string + '\n')
```

```
1.  with open('text.txt', 'r') as fr:
2.      for line in fr:
3.          print(line)
```

```
I am chile!
I am chile!
I am chile!
I am chile!
I am chile!
You are handsome!
You are handsome!
You are handsome!
You are handsome!
You are handsome!
```

3.3.4 异常

try：执行正常代码。

except：发生异常，执行此处代码。

else：（这段代码可不加）无异常，则执行此处代码。

```
1.  try:
2.      with open('txr.txt', 'r') as fr:
3.          text = fr.read()
4.  except IOError:
5.      print('The file does not exist!')
6.
7.  else:
8.      print('Succeed')
```

```
The file does not exist!
```

异常处理的目的：大家一开始写 Python 的时候可能并不需要异常处理机制，因为我们的代码简洁又高效，不过这并不代表你永远不需要。现代软件是非常庞大的，而代码又是人写的，难免会出错，如果不知道一个大型软件在运行过程中会在什么时候出现一个 bug，这时异常处理机制就能让你快速定位自己软件的 bug，缩短调试的时间，这就是异常处理机制的用途。

3.3.5 导包

导包指令:

import: 导入。

from ... import ...: 从……导入。

1. 导入本地包

首先创建 test.py,功能是打印 hello,接着通过以下代码导入:

```
1.  from test import hello
2.  hello()
```

hello!

```
1.  import test
2.  test.hello()
```

hello!

2. 导入系统包

```
1.  import time  # 引入时间模块
2.  # 格式化成 year-month-day hour:min:sec 形式
3.  print (time.strftime("%Y-%m-%d %H:%M:%S", time.localtime()))
```

2019-08-21 09:43:07

导包的目的:Python 之所以被称为胶水语言,是因为它有很多优秀的第三方包,让我们在编程过程中只关注任务的解决,而不拘泥于代码的烦琐,提升代码的复用率,加快编程速度。因此,导包是 Python 不可或缺的重要技能。

3.4 Python 高阶学习

3.4.1 面向过程编程

视频讲解

定义方法指令:def

面向过程编程是通过定义一个又一个的方法去确定的,在数学上我们更倾向于将方法称作函数。这么做的目的是将一个大的任务拆成一个又一个小的任务去实现,然后用搭积木似的操作去组装,从而完成任务。我们可以将积木看作方法,这些方法都是我们实现的,将一个又一个的积木组装成自己想要的形状,就是完成任务的过程。

1. 有返回值，无参数

```
1.  #/chapter3/3_4_Basis_high_ranking.ipynb
2.  def print_value():
3.      return 1
4.  print_value()                      # 调用函数
```

```
1
```

2. 无返回值，无参数

```
1.  def print_value():
2.      print('Chile')
3.  print_value()                      # 调用函数
```

```
Chile
```

3. 无返回回值，有参数

```
1.  def print_value(a, b):
2.      if a > b:
3.          print('a > b')
4.      elif a < b:
5.          print('a < b')
6.      else:
7.          print('a == b')
8.
9.  # 3种调用方式
10. print_value(1, 2)                  # 调用函数
11.
12. a = 1
13. b = 2
14. print_value(a, b)                  # 调用函数
15.
16. print_value(a = 1, b = 2)          # 调用函数
```

```
a < b
a < b
a < b
```

4. 有返回值，有参数

```
1.  def print_value(a_test, b_test):
2.      if a > b:
3.          return 'a > b'
```

```
4.      elif a < b:
5.          return 'a < b'
6.      else:
7.          return 'a == b'
8.
9.  # 3 种调用方式
10. print(print_value(1, 2))                  # 调用函数
11.
12. a = 1
13. b = 2
14. print(print_value(a, b))                  # 调用函数
15.
16. print(print_value(a_test = 1, b_test = 2))  # 调用函数
```

```
a < b
a < b
a < b
```

3.4.2 面向对象编程

面向对象有两个概念：类(Class)和实例(Instance)，类是抽象的模板，例如 Phone 类；而实例是根据类创建出来的一个个具体的"对象"，例如 huawei 和 iphone 等，每个实例的对象都拥有相同的方法，但各自的数据可能不同。

每一个方法的第 1 个参数永远是 self。

类具有三大特性：封装、继承与多态。

1. 封装

将属性和方法封装进类，每一个对象的属性和方法是一样的，类似模板，但数据不一样，类似我们将自己的内容输入模板。

```
1.  class Phone(object):
2.      # 内置的方法,用来绑定类的属性
3.      def __init__(self, name, price):
4.          # 属性
5.          self.name = name
6.          self.price = price
7.
8.      # 方法
9.      def print_price(self):
10.         print(self.price)
11.     def assistant(self):
12.         print('I have an assistant!')
```

2. 实例化对象

类似将数据填入模板(类),以此实例化。

```
1.  iphone = Phone('iphone', 5200)
2.  huawei = Phone(name = 'huawei', price = 8888)
3.  print(iphone.price)                    # 查看实例属性
4.  huawei.print_price()                   # 调用实例函数
```

```
5200
8888
```

3. 继承

继承就是传统意义上的意思,继承父辈已有的东西,然后在自己身上开发父辈没有的东西。

```
1.  class Iphone(Phone):
2.      def operation_system(self):
3.          return 'ios'
4.  iphone = Iphone('iphone', '5200')
5.  print(iphone.operation_system())
```

```
ios
```

4. 多态

如果从父辈继承的方法不适合,子类会重写一个适合自己的同名方法,覆盖从父辈继承的已有的方法。即在运行子类的实例时,总是优先运行子类的代码。所以多态也叫多样性。

```
1.  class Iphone(Phone):
2.      def assistant(self):
3.          print('I have siri assistant!')
4.  
5.  class Huawei(Phone):
6.      def assistant(self):
7.          print('I have hormony assistant!')
8.  iphone = Iphone('iphone', 5200)
9.  huawei = Huawei(name = 'huawei', price = 8888)
10. iphone.assistant()
11. huawei.assistant()
```

```
I have siri assistant!
I have hormony assistant!
```

```
1.  def get_assistant(Phone):
2.      Phone.assistant()
3.  get_assistant(Phone('phone', 500))
```

```
4.   get_assistant(Iphone('iphone', 5200))
5.   get_assistant(Huawei('huawei', 8888))
```

```
I have an assistant!
I have siri assistant!
I have hormony assistant!
```

3.4.3　面向过程与面向对象的区别

面向过程的程序设计是以过程为中心,将问题分解成一个个小问题,然后用一个个函数将这些小问题按照步骤去解决,即把大函数切成小函数,从而降低问题的复杂度。而面向对象的程序设计是以对象为中心,将事物高度抽象化成模型,然后使用模型实例化出一个个对象,通过对象之间的通信来解决问题。

当然,不管是面向过程还是面向对象编程,本质上都是为了简化代码,提高代码复用率,只不过面向对象更加抽象罢了。越抽象的东西,通用性越高,当然也就意味着复用性越好。

3.5　正则表达式

视频讲解

正则表达式是一个特殊的字符序列,帮助我们匹配想要的字符串格式。

3.5.1　re.match

匹配字符串开头,开头不匹配直接返回 None。

```
1.   # !/usr/bin/python
2.   # - * - coding: UTF-8 - * -
3.
4.   import re
5.   print(re.match('Chile', 'ChileWang').span())     # 在起始位置匹配
6.   print(re.match('Wang', 'ChileWang'))             # 不在起始位置匹配
```

```
(0, 5)
None
```

3.5.2　re.search

返回字符串中第 1 个匹配的匹配。

```
1.   import re
2.   print(re.search('Chile', 'ChileWang').span())   # 在起始位置匹配
```

3. **print**(re.search('Wang', 'ChileWang'))　　　　　# 不在起始位置匹配

```
(0, 5)
<re.Match object; span = (5, 9), match = 'Wang'>
```

3.5.3　re.sub

替换字符串中的匹配项：

re.sub(pattern, repl, string, count = 0, flags = 0)

参数：

pattern：正则中的模式字符串。

repl：替换的字符串，也可为一个函数。

string：要被查找替换的原始字符串。

count：模式匹配后替换的最大次数，默认为 0，表示替换所有的匹配。

```
1.  #!/usr/bin/python
2.  # - * - coding: UTF - 8 - * -
3.
4.  import re
5.
6.  phone = "1234567@qq.com"    # 这是一个 QQ 邮箱
7.
8.  # 删除字符串中的 Python 注释
9.  num = re.sub(r'#.*$', "", phone)
10. print ("QQ 邮箱是: ", num)
11.
12. # 用@163.com 替换非数字(@qq.com)的字符串
13. num = re.sub(r'\D+', "@163.com", phone)
14. print ("163 邮箱是: ", num)
```

```
QQ 邮箱是: 1234567@qq.com
163 邮箱是:  1234567@163.com
```

3.5.4　re.compile 函数与 findall

　　compile 函数用于编译正则表达式，生成一个正则表达式(Pattern)对象，供 match()和 search()这两个函数使用。

　　findall(string, pos, endpos)：在字符串中找到正则表达式所匹配的所有子串，并返回一个列表，如果没有找到匹配的，则返回空列表。

参数：

string：待匹配的字符串。

pos：可选参数，指定字符串的起始位置，默认为 0。

endpos：可选参数，指定字符串的结束位置，默认为字符串的长度。

```
1.   # - * - coding:UTF8 - * -
2.
3.   import re
4.
5.   pattern = re.compile(r'\d+')    # 查找数字
6.   result1 = pattern.findall('Chile 111 Wang 222')
7.   result2 = pattern.findall('Chi111le444Wang333', 0, 11)
8.
9.   print(result1)
10.  print(result2)
```

```
['111', '222']
['111', '444']
```

3.5.5 正则表达式的重点

正则表达式的核心是如何构建一个正则对象去匹配我们需要的字符，这里涉及很多的正则符号，之前的代码只是简单地介绍了匹配('\d+')数字或者('\D+')非数字，其实还有很多很多的匹配项。这是一个庞大的知识体系，我们不可能完全记住，也不可能完全精通，因此我们只需要在使用的时候翻阅一下即可。

目前，互联网上已经有很多正则表达式的匹配教程，笔者在此提及它，只是想让初学的读者知道有这么一个途径，等到需要用的时候，通过互联网去查阅即可。

3.6 进程与线程

视频讲解

至此，大家写的代码都是完成单任务的，那如果想让 Python 同时进行多个任务呢？这就涉及了进程和线程。这里笔者先讲解什么是进程与线程。

举个例子，我们在计算机上可以同时运行 QQ 和微信等多个软件，这些软件就是在一个个进程中运行的。而我们在 QQ 上既可以聊天也可以看新闻，这就是进程里面一个个线程所做的事。因此，一个进程中至少拥有一个线程。

不过，多线程和多进程一样，都是统一由操作系统在线程中快速切换，切换速度比人类肉眼可见的速度快，造成好像多个任务同时运行的假象。但是如果我们的操作系统拥有多个 CPU，就可以让多任务同时进行，让每个 CPU 都运行一个进程即可。

3.6.1 多进程的例子

这里笔者用进程池(Pool)举例,进程池的默认参数是 CPU 核数目。

当然,互联网上也有很多别的多进程使用方法,思路都是一样的,只是实现方式不同,大家也可以选择自己喜欢的方式去实现。

参数设置成 4,代表同时进行 4 个进程,第 5 个进程要等前面 4 个进程中的某个进程结束才能开始执行。

```python
from multiprocessing import Pool
import time, random

def random_time_task(name):
    print('执行任务 %s ...' % (name))
    start_time = time.time()
    time.sleep(random.random() * 5)
    end_time = time.time()
    print('任务 %s 执行时间: %0.2f s.' % (name, (end_time - start_time)))

if __name__ == '__main__':
    p = Pool(4)
    for i in range(5):
        p.apply_async(random_time_task, args = (i,))
    p.close()    # 调用 close 保证所有进程结束后,不再进入新的进程
    p.join()
    print('所有进程完成!')
```

```
执行任务 0 ...
执行任务 1 ...
执行任务 2 ...
执行任务 3 ...
任务 1 执行时间: 0.67 s.
执行任务 4 ...
任务 3 执行时间: 2.45 s.
任务 2 执行时间: 2.78 s.
任务 0 执行时间: 3.29 s.
任务 4 执行时间: 3.49 s.
所有进程完成!
```

3.6.2 多线程例子

线程和进程之间还是存在一定区别的,每一个进程的变量都是独一无二的,类似 QQ 和微博,两者独立运行,互不影响。但是同一个进程内的线程是共享同一套变量的,类似我们

同时取钱,第 1 个线程取完了所有的钱,第 2 个线程就不能再取钱了,因为已经没钱了。因此,为了避免我们程序出现 bug,需要引入 Lock(锁)机制,保证线程间在操作过程中,不能同时对同一变量进行操作。

```python
import threading
balance = 10                                    # 银行余额
lock = threading.Lock()

def operation2balance(money):
    global balance                              # 全局变量
    balance = balance + money
    balance = balance - money

def new_thread(n):
    for i in range(20):
        # 操作前先获得锁
        lock.acquire()
        try:
            operation2balance(n)
        finally:
            # 操作后释放锁
            lock.release()

# 启动两个线程
t1 = threading.Thread(target = new_thread, args = (29,))
t2 = threading.Thread(target = new_thread, args = (18,))
t1.start()
t2.start()
t1.join()
t2.join()
print(balance)
```

10

3.7 总结

当然,Python 能做的事不止这些,我们可以用 Python 写网页后台,也可以用它操作数据库等。所以有些读者可能会疑惑为什么笔者没有给大家把 Python 的更多细节说清楚。在这里笔者首先声明不是偷懒,原因有四,待我细细诉说。

第一,目前阶段的编程学习已经能完全应付这个系列的课程了,没有必要深入把目前用不着的知识给大家灌输一遍,没有实战,灌输再多边边角角的知识也只是走马观花,很难融会贯通。

第二，笔者已经帮助大家建立好了 Python 最基本知识体系，它犹如大树的枝干，而其他的知识犹如枝叶，枝叶会在枝干下不断衍生。那么衍生枝叶所需要的养分呢？那就是你接下来要碰到的一个个需要解决的项目，我们在掌握最基本的知识的情况下，通过实战去磨砺我们对所学知识的运用，最终量变决定质变。

第三，网上的知识已经过于冗余，笔者要给大家做减法，而建立一个知识体系就是给大家做减法。有时候我们只需要知道某个东西能解决哪些问题，例如 Pandas 或者 Numpy 这两个包可以解决很多很多的问题，但是你目前用不着，讲再多也是徒劳，不过我们知道它们的强大，那就在我们需要它们的时候，利用互联网去搜索即可，互联网上总会有人碰到和你一样的问题，并有人已经提供了答案。

第四，一切的项目都是从最基本的语法出发的，它们是万丈高楼的基石，我们想砌什么样的楼房不是看砖头长什么样，而是看设计图长什么样。同样的砖头在不同的图纸下，就会砌出不同形状的楼房。同样的语法，在不同的学习路线下，就细分出不同的专业领域。此时，我们回到最开始的问题，Python 确实可以做很多的事，但是都是从最基本的知识点出发，至于接下来大家是想从事数据挖掘，还是人工智能，抑或是网页开发，甚至是爬虫工程师，那就看大家接下来的学习路线了。现在互联网上有很多学习资源，大家一定要学会使用搜索引擎，遇事不决先搜索，这也是锻炼自己的学习能力。学会规划学习路线和善用搜索引擎才是成长的关键所在。

最后，我们要始终铭记，编程只是工具，并不需要很聪明的脑瓜子，也不需要太多的奇技淫巧，无他，唯熟尔。上述所说不仅仅适用于编程的学习，也是我们在当前互联网时代下的有效学习途径。

第 4 章 深 度 学 习

CHAPTER 4

从本章开始,笔者将带领大家一起学习深度学习的原理和实践。

4.1 Keras 简介

视频讲解

说到深度学习,不可避免地会提及业界的一些优秀的框架,Keras 神经网络框架便是其中之一,它是一个高级神经网络 API,用 Python 编写,能够在 TensorFlow、CNTK 或 Theano 上运行。它的开发重点是实现快速实验,能够以最小的延迟从理念到结果是进行良好研究的关键。接下来我们将要讲的神经网络原理与梯度求解,Keras 都已经对它们有了很好的封装,在后续的学习中,大家只要学会怎样去构建网络结构就可以了,其余的问题都由神经网络框架替我们去解决。

业界还有很多优秀的框架例如 PyTorch,不过笔者更倾向于前者,前者的开发主要由 Google 支持,而且 Keras API 打包为 tf.keras 封装在 TensorFlow 中。

此外,Microsoft 维护 CNTK Keras 后端。Amazon AWS 正在使用 MXNet 支持维护 Keras 分支。其他贡献公司包括 NVIDIA、Uber 和 Apple。再者,Keras 已经比较成熟了,有良好的社区维护,大家在开发的过程中遇到的问题也能通过社区得到答案,同时我们也可以通过图 4.1 所示的深度学习框架热度对比看出,Keras 使用人数也是非常多的,仅次于 TensorFlow。因此,为了能够用最快的速度写出最优雅的代码,笔者在这推荐大家使用 Keras。本书大部分深度学习代码均基于 Keras 神经网络框架编写。

4.1.1 Keras 的优点

(1) 允许简单快速的原型设计(用户友好性、模块化和可扩展性)。

(2) 支持卷积网络和循环网络,以及两者的组合。

(3) 在 CPU 和 GPU 上无缝运行。

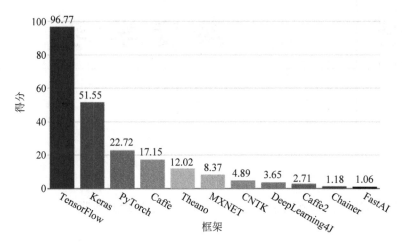

图 4.1 深度学习框架热度对比图（图片来源于 https://keras.io/）

4.1.2 Keras 的缺点

Keras 比较注重网络层次，然而并非所有网络都是层层堆叠的，后面深度学习代码会涉及遗传算法与神经网络，这种网络就不是层层堆叠的，因此 Keras 在设计新的网络方面会比 TensorFlow 差一些。因此本书一些比较简单的实验均由 Keras 完成，而一些高阶实验，我们则通过 TensorFlow 去完成。

4.1.3 Keras 的安装

Keras 的安装比较简单，第 2 章已经介绍过 Python 开发环境的安装，在这里就不赘述了。我们直接使用 Anaconda 安装即可。

```
1.  # GPU 版本
2.  conda install keras-gpu
3.
4.  # CPU 版本
5.  conda install keras
```

4.2 全连接神经网络

视频讲解

从这一节开始，笔者将给大家介绍深度学习的内容。至于为什么要先开始讲全连接神经网络（Fully Connected Neural Network），而不是一开始就是CNN、RNN、LSTM等。原因非常简单,上述所说的各种神经网络都是基于全连接神经网络出发的,最基础的原理都是由反向传播而来,所以读者们只要掌握了本节最基本的原理,接下来的各种神经网络也能学得得心应手。

4.2.1 全连接神经网络简介

对于全连接神经网络,相信很多读者一听到"网络"二字,头皮就开始发麻,笔者一开始学的时候也一样,觉得网络密密麻麻的,绝对很难,其实不然,这里的网络比我们现实生活中的网络简化了不止一丁点儿,但是它能出奇地完成各种各样的任务,逐渐成为我们人类智能生活的璀璨明珠。当然,虽然全连接神经网络并不是最耀眼的一颗,却是每个初学者必须去了解的一颗,在这里,笔者认为全连接神经网络是每位读者深度学习之旅的开端。

4.2.2 全连接神经网络原理

光看名字,可能大家并不了解这个网络是干什么的,那么笔者先给大家附上一张图,如图4.2所示。它作为神经网络家族中最简单的一种网络,相信大家看完它的结构之后一定会对全连接神经网络有个非常直观的了解。

对,就是这么一个结构,左边输入,中间计算,右边输出。可能这样还不够简单,笔者给大家画一个更简单的运算示意图,如图4.3所示。

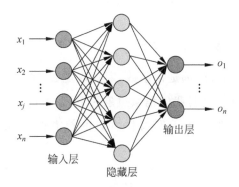

图 4.2 全连接神经网络示意图

图 4.3 全连接神经网络运算示意图

不算输入层,图4.2所示的网络结构总共有两层,即隐藏层和输出层,它们"圆圈"里的计算都是公式(4.1)和公式(4.2)的计算组合:

$$z = wx + b \tag{4.1}$$

$$f(z) = \frac{1}{e^{-z}} \tag{4.2}$$

每一级都是利用前一级的输出做输入,再经过圆圈内的组合计算,输出到下一级。

看到这里,可能很多人会疑惑,为什么要加上$f(z)$这个运算呢?这个运算的目的是将输出的值域压缩到(0,1),也就是所谓的归一化,因为每一级输出的值都将作为下一级的输入,只有将输入归一化了,才会避免某个输入无穷大,导致其他输入无效,变成"一家之言",最终网络训练效果非常不好。

此时,有些记忆力比较好的读者可能会想,反向传播网络?反向去哪了?对的,这个图还没画完整,整个网络结果结构如图 4.4 所示。

那有些读者又会提出新的问题了,那反向传播的东西到底是什么呢?目的又是什么呢?这里,所有读者都要有这么一点认识,神经网络的训练是有监督的学习,也就是输入 X 有着与之对应的真实值 Y,神经网络的输出 Y 与真实值 Y 之间的损失 Loss 就是网络反向传播的东西。整个网络的训练过程就是不断缩小损失 Loss 的过程。为此,就像高中学习一样,我们为了求解某个问题,列出了一个方程,如公式(4.3)~公式(4.5):

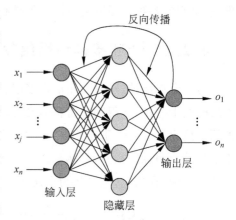

图 4.4 反向传播示意图

$$\text{Loss} = \sum_{i=1}^{n}(y_i - (wx_i + b))^2 \tag{4.3}$$

$$\text{Loss} = \sum_{i=1}^{n}(x_i^2 w^2 + b^2 + 2x_i wb - 2y_i b - 2x_i y_i w + y_i^2) \tag{4.4}$$

$$\text{Loss} = \sum_{i=1}^{n}(Aw^2 + Bb^2 + Cwb - Db - Ew + F) \tag{4.5}$$

上述公式经过化简,我们可以看到 A、B、C、D、E、F 都是常系数,未知数是 w 和 b,也就是为了让 Loss 最小,我们要求解出最佳的 w 和 b。这时我们稍微想象一下,如果这是个二维空间,那么我们相当于要找一条曲线,让它与坐标轴上所有样本点的距离最小,如图 4.5 所示。

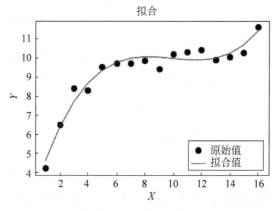

图 4.5 曲线拟合图

同理，我们可以将 Loss 方程转化为一个三维图像求最优解的过程。三维图像就像一个"碗"，如图 4.6 所示，它和二维空间的抛物线一样，存在极值，我们只要将极值求出，就保证了我们能求出最优的 (w, b)，也就是这个"碗底"的坐标，使 Loss 最小。

$$Z = X^2 + Y^2$$

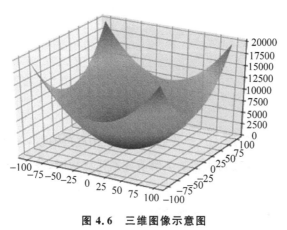

图 4.6　三维图像示意图

说了这么多，我们应该如何求解呢？

读者是否还记得上高中的时候，当我们列完函数方程之后，做的第一件事就是对这个函数求导，是的，这里也一样，要求极值，首先求导。不过，我们高中没有接触过二元凸函数的求导，但是相信翻阅此书的读者应该都是大学生，这时候要拿出高等数学课本，偏导数在这里隆重登场了。简单来讲偏导数，也就是对 X、Y 分别求导，在求导过程中，把其他的未知量当成常数即可。

好了，理论知识补充完了，这时候我们想象自己在一座山上，要想从山上最快地达到山底，那就要沿着最陡峭的地方往下走。这个最陡峭的地方，叫作梯度，像不像我们对上面那个"碗"作切线，找出最陡的那条切线？事实上我们做的就是这个，求偏导就是这么一个过程

$$梯度：\nabla = \left(\frac{\partial f(x, y)}{\partial x}, \frac{\partial f(x, y)}{\partial y} \right) \tag{4.6}$$

我们每走一步，坐标就会更新

$$x_{n+1} = x_n - \alpha \frac{\partial f(x, y)}{\partial x} \tag{4.7}$$

$$y_{n+1} = y_n - \alpha \frac{\partial f(x, y)}{\partial y} \tag{4.8}$$

当然，这是三维空间中的，假如我们在多维空间漫步呢，其实也是一样的，也就是对各个维度求偏导，更新自己的坐标

$$\nabla = \left(\frac{\partial f(w)}{\partial w_1}, \frac{\partial f(w)}{\partial w_2}, \frac{\partial f(w)}{\partial w_3}, \frac{\partial f(w)}{\partial w_4}, \cdots, \frac{\partial f(w)}{\partial w_n} \right) \tag{4.9}$$

$$w_{i+1} = w - \alpha \frac{\partial f(w)}{\partial w^i} \qquad (4.10)$$

其中，w 的上标 i 表示第几个 w，下标 n 表示第几步，α 是学习率，后面会介绍 α 的作用。所以，我们可以将整个求解过程看作下山（求偏导过程），为此，我们先初始化自己的初始位置。

$$(w_0, b_0) \qquad (4.11)$$

$$w_1 = w_0 - \alpha \frac{\partial \mathrm{Loss}(w,b)}{\partial w} \qquad (4.12)$$

$$b_1 = b_0 - \alpha \frac{\partial \mathrm{Loss}(w,b)}{\partial b} \qquad (4.13)$$

这样我们不断地往下走（迭代），当我们逐渐接近山底的时候，每次更新的步伐也就越来越小，损失值也就越来越小，直到达到某个阈值或迭代次数时，停止训练，这样找到 (w,b) 就是我们要求的解。

我们将整个求解过程称为梯度下降求解法。

这里还需要补充的是为什么要有学习率 α，以及如何选择学习率 α？通常来说，学习率可以随意设置，大家可以根据过去的经验或书本资料选择一个最佳值，或凭直觉估计一个合适值，一般在 $(0,1)$。这样做可行，但并非永远可行。事实上选择学习率是一件比较困难的事，应用不同学习率后出现的各类情况如图 4.7 所示，其中 Epoch 为使用训练集全部样本训练一次的单位，Loss 表示损失。

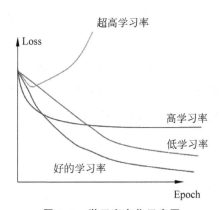

图 4.7 学习率变化示意图

可以发现，学习率直接影响我们的模型能够以多快的速度收敛到局部最小值（也就是达到最好的精度）。一般来说，学习率越高，神经网络学习速度越快。如果学习率太低，网络很可能会陷入局部最优；但是如果太大，超过了极值，损失就会停止下降，在某一位置反复振荡。

也就是说，如果我们选择了一个合适的学习率，那么不仅可以在更短的时间内训练好模型，还可以节省各种运算资源的花费。

如何选择？业界并没有特别硬性的定论，总的来说就是试出来的，看哪个学习率能让 Loss 收敛得更快，哪个 Loss 最小，就选哪个。

4.2.3　全连接神经网络小结

可能很多读者在看到 4.1 节内容的时候会认为，既然深度学习已经将整个梯度下降的求解过程都封装好了，笔者为什么还要花这么大的篇幅来讲解？因为我们后续接触的 CNN、RNN 等神经网络的原理和训练过程都是差不多的，无非就是网络结构改变了，在这里把最基本的原理掌握了，后面就算碰到再复杂的网络结构也不会慌张。另外，当大家钻研理论至深处且需要设计一个新的网络结构时，那时我们对原理掌握的熟练程度直接决定着所设计网络结构的优劣。

4.3　卷积神经网络

视频讲解

我们在 4.2 节讲到了神经网络已经逐步成为人类智能生活的璀璨明珠，并介绍了全连接神经网络的整个训练过程，整个流程紧凑而又科学，似乎全连接神经网络已经能解决很多问题了，但细心的读者会发现笔者并没有提及全连接神经网络的缺点。因此，本节笔者正好通过全连接神经网络的缺点来开展卷积神经网络（Convolutional Neural Network，CNN）的教学。

4.3.1　全连接神经网络的缺点

为了讲清全连接神经网络的局限性，笔者还是拿出 4.2 节最简单的全连接网络结构图来讲解，如图 4.3 所示，相信大家对这个图也不陌生了。设想一下，我们为了求解损失 Loss 列出了关于 (w,b) 的方程，并通过梯度下降的方法去求解最佳的 (w,b)，从而得到最小的损失 Loss。换言之，4.2 节的内容简单来讲就是站在山上找最陡峭的地方（梯度），不断地往下走，一直走到山底，这时候我们所在坐标 (w,b) 就是 Loss 方程的最优解。

为此，针对图 4.3 所示的网络结构，我们要对隐藏层和输出层求 4 个偏导，又因为隐藏层的输出作为输出层的输入，这时我们就要用到求偏导的链式法则，公式如下

$$(w_1)^n = (w_1)^{n-1} - \alpha \frac{\partial \text{Loss}(w,b)}{\partial w_1} \tag{4.14}$$

$$(b_1)^n = (b_1)^{n-1} - \alpha \frac{\partial \text{Loss}(w,b)}{\partial b_1} \tag{4.15}$$

$$(w_0)^n = (w_0)^{n-1} - \alpha \frac{\partial \text{Loss}(w,b)}{\partial w_0} \tag{4.16}$$

$$(b_0)^n = (b_0)^{n-1} - \alpha \frac{\partial \text{Loss}(w,b)}{\partial b_0} \tag{4.17}$$

其中 n 表示迭代次数,由链式法则得

$$\frac{\partial \text{Loss}(w,b)}{\partial b_1} = \frac{\partial \sum_{i=1}^{n}(y_{oi}-y_i)}{\partial b_1} = \sum_{i=1}^{n} \frac{\partial y_{oi}}{\partial z_0} \cdot \frac{\partial z_0}{\partial y_1} \cdot \frac{\partial y_1}{\partial z_1} \cdot \frac{\partial z_1}{\partial b_1} \quad (4.18)$$

$$\frac{\partial \text{Loss}(w,b)}{\partial w_1} = \frac{\partial \sum_{i=1}^{n}(y_{oi}-y_i)}{\partial w_1} = \sum_{i=1}^{n} \frac{\partial y_{oi}}{\partial z_0} \cdot \frac{\partial z_0}{\partial y_1} \cdot \frac{\partial y_1}{\partial z_1} \cdot \frac{\partial z_1}{\partial w_1} \quad (4.19)$$

由公式(4.14)~公式(4.19),我们可以看出,两个神经元,为了求出隐藏层和输出层最佳的(w,b),我们就要求 4 个偏导,期间还得为链式求导付出 3 次连乘的代价。

现在,重点来了,如图 4.8 所示,网络层次越深,偏导连乘也就越多,我们付出的计算代价也就越大。

紧接着,一个网络层不单只一个神经元,它可能会有多个神经元,那么多个神经元的输出作为下一级神经元的输入时,就会形成多个复杂的嵌套关系。

我们知道全连接神经网络层级之间都是全连接的,所以网络结构越复杂,要求的(w,b)就越多,整个网络就会收敛得越慢,这是我们所不希望看到的。这就是全连接神经网络的局限性,特别是针对图像这些冗余信息特别多的输入,如果用全连接神经网络去训练,简直就是一场计算灾难。那么既然问题出现了,就会有人提出解决方法。这时候卷积神经网络便应运而生了。

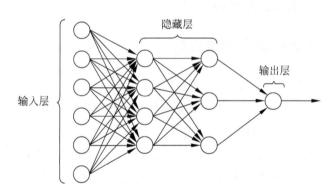

图 4.8　多层全连接神经网络

4.3.2　卷积神经网络原理

说了这么多,笔者这就给大家附上一张 CNN 网络结构图,如图 4.9 所示,让大家都有一个直观的了解。一个经典的 CNN 网络结构一般包含输入层(Input layer)、卷积层(Convolutional layer)、池化层(Pooling layer)和输出层(全连接层+softmax 层)。虽然目前除了输入层,其他的层还不认识,不过,不要慌,接下来就是剖析 CNN 的精彩时刻。

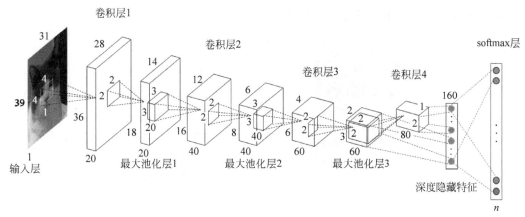

图 4.9　卷积神经网络示意图

4.3.3　卷积神经网络与全连接神经网络的区别

卷积神经网络与全连接神经网络的区别主要有以下两点：

（1）总有至少 1 个卷积层，用以提取特征。

（2）卷积层级之间的神经元是局部连接和权值共享，这样的设计大大减少了 (w,b) 的数量，加快了训练。

为了让大家更清晰地了解这个网络结构的特点，笔者接下来将分别对它的两个特性和特有的网络层次进行详细讲解。

4.3.4　卷积层

前面提到，图像拥有很多冗余的信息，而且往往作为输入信息，它的矩阵又非常大，如果利用全连接神经网络去训练，计算量非常大，前人为此提出了 CNN，它的亮点之一就是拥有卷积层。

大家可以想象一下，如果信息过于冗余，那么我们能否去除冗余取出精华部分呢？对，这就是卷积层的作用，通俗易懂来说就是压缩提纯。

那卷积层又是如何工作的呢？如图 4.9 所示，卷积层里面有个小框框，这就是卷积核（Convolutional kernel），压缩提纯的工作主要通过它来实现的。

卷积核的运算示意图如图 4.10 所示。我们可以把矩阵①看作卷积层的上一层，矩阵②看作卷积层，在矩阵①上蠕动的便是卷积核，卷积核通过与它所覆盖矩阵①的一部分进行卷积运算，然后把结果映射到矩阵②中。

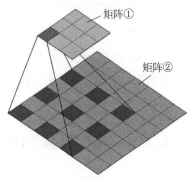

图 4.10　卷积核运算示意图 1

接下来我们将了解卷积核是如何将结果映射到卷积层的,如图 4.11 所示。

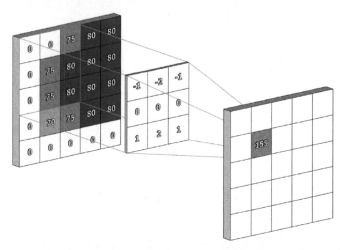

图 4.11　卷积核运算示意图 2

卷积核在滑动过程中做的卷积运算就是卷积核 w 与其所覆盖的区域的数进行点积,最后将结果映射到卷积层。具体的运算公式如公式(4.20)所示。

$$f(x)=wx+b,\quad b=0 \tag{4.20}$$

$$w=\begin{bmatrix} -1 & -2 & -1 \\ 0 & 0 & 0 \\ 1 & 2 & 1 \end{bmatrix} \tag{4.21}$$

我们将 9 个点的信息量压缩成了 1 个点,也就是有损压缩,这个过程也可以认为是特征提取。

公式(4.20)中 (w,b) 和之前全连接神经网络的 (w,b) 一样,w 表示权值,b 表示偏置,它们在初始化之后,随着整个训练过程一轮又一轮地迭代逐渐趋向于最优。

在卷积核 $f(x)=wx+b$ 之后一般会加一个 Relu 激励函数,就与 4.2 节介绍的全连接神经网络的神经元计算组合公式(4.1)和公式(4.2)一样,只不过这里换成了 Relu 激励函数,而全连接神经网络用的是 sigmod 激励函数。这么做的目的都是让训练结果更优。

好了,讲到这,大家应该大致明白了卷积层的工作方式,就是压缩提纯的过程,而且每个卷积层不单只一个卷积核,它是可以多个的,根据图 4.9 所示的 CNN 网络的卷积层,可以看到输出的特征图在"变胖",因为特征图的上一级经过多个卷积核压缩提纯,每个卷积核对应一层,多层叠加就会"变胖"。

4.3.5　局部连接和权值共享

笔者在全连接神经网络的局限性中讲到它的网络层与层之间是全连接的,这就导致了整个训练过程要更新多对 (w,b),为此 CNN 特定引入了局部连接和权值共享两个特性,来减少训练的计算量。

这么做的科学性在哪？图像或者语言抑或文本的冗余信息都特别多,倘若我们依照全连接神经网络那般全连接,也就是将所有信息的权值都考虑进训练过程。讲到这,大家应该明白这么设计的用途了吧,没错,就是适当放弃一些连接(局部连接)。这样不仅可以避免网络将冗余信息都学习进来,同时也可以和权值共享特性一样减少训练的参数,加快整个网络的收敛。

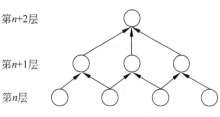

图 4.12　局部连接

局部连接与权值共享如图 4.12 和图 4.13 所示。

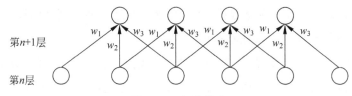

图 4.13　权值共享

图 4.13 所示的权值共享也采用了局部连接,总共有 3×4＝12 个权值,再加上权值共享,只需求 3 个权值,大大减少了计算量。

4.3.6　池化层

一般来说,卷积层后面都会加一个池化层,如图 4.9 所示,可以将它理解为对卷积层进一步的特征抽样,池化层主要分为两种,即最大池化和平均池化。池化层运算如图 4.14 所示。

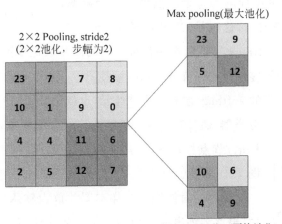

图 4.14　池化层运算示意图

Max pooling(最大池化)是将对应方块中最大值一一映射到最大池化层(Max pooling layer),Average pooling(平均池化)是将对应方块的平均值一一映射到平均池化层(Average pooling layer)。

4.3.7 训练

整个 CNN 架构特有的层次结构和属性都已讲解,其实整个 CNN 架构就是一个不断压缩提纯的过程,目的不只是为了加快训练速度,同时也是为了放弃冗余信息,避免将没必要的特征都学习进来,保证训练模型的泛化性。

CNN 整个训练过程和全连接神经网络差不多,之后将介绍的 RNN、LSTM 模型,它们的训练过程也和全连接神经网络差不多,唯一不同的就是损失 Loss 函数的定义,之后就是不断训练,找出最优的 (w,b),完成建模,所以搞懂了全连接神经网络的训练过程,就基本理解了整个深度学习最重要的数学核心知识。

这时,细心的读者们会发现 CNN 网络结构的输出层也就是 softmax 层还没介绍,是的,笔者现在就开始介绍。CNN 损失函数之所以不同也是因为它,该层是 CNN 的分类层,如图 4.15 所示。

softmax 层每个节点的激励函数为

$$\sigma_i(z) = \frac{e^{z_i}}{\sum_{j=1}^{m} e^{z_j}} \quad (4.22)$$

$$z_i = w_i x + b \quad (4.23)$$

并且

$$\sum_{i=1}^{j} \sigma_i(z) = 1 \quad (4.24)$$

图 4.15　softmax 层示意图

公式(4.24)我们可以理解为每个节点输出一个概率,所有节点的概率加和等于 1,这也是 CNN 选择 softmax 层进行分类的原因所在,softmax 层可以将一张待分类的图片放进模型,softmax 输出的概率中,最大概率所对应的标签便是这张待分类图的标签。

举个例子,现在我们的 softmax 层有 3 个神经元,也就是说我们可以训练一个分三类的分类器,假设我们有一组带标签的训练样本,它们的标签可以如此标记,节点标记为 1,其他标记为 0。其实就是 One-hot 编码,如图 4.16 所示。

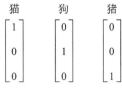

图 4.16　One-hot 编码示意图

训练的时候将训练样本图片放入输入层,标签向量放入输出层,最终训练出一个模型。例如将一张待分类的图片放入我们的模型中,最后 softmax 层输出的结果如下:

$$\begin{bmatrix} 0.85 \\ 0.05 \\ 0.1 \end{bmatrix} \quad (4.25)$$

0.85对应最大概率,说明这张图片是猫,并且所有概率加起来等于1。softmax的损失函数叫交叉熵,如公式(4.26)和公式(4.27)所示。

$$\text{Loss} = -\frac{1}{n}\sum_{i=1}^{n} y_i(\ln a) + (1-y_i)\ln(1-a) \quad (4.26)$$

$$a = \frac{1}{1+e^{-x}} \quad (4.27)$$

虽说它长得奇奇怪怪的,但是整体的训练过程和全连接神经网络的思路一样,都是通过梯度下降法找出最优的(w,b),使 Loss 最小,最终完成建模。

4.3.8 卷积神经网络的超参数设置

接下来介绍的内容就比较愉快了,主要是介绍训练 CNN 网络之前有些参数需要大家手动设置,称为超参数设置(Hyperparameters setting)。

1. 卷积核初始化

卷积核的权值 w 和偏置 b 一开始是需要我们人工去初始化的,初始化的方法有很多,TensorFlow 或者 Keras 在我们构建卷积层的时候自动初始化了,但是哪天大家心血来潮想自己初始化也是可以的。权值初始化可以根据高斯分布去设置,这样得到的初始化权值更加符合自然规律,毕竟计算机也是自然界的一部分。

2. Padding

Padding 是指对输入图像用多少个像素去填充,如图 4.17 所示。

这么做是为了保持边界信息,倘若不填充,边界信息被卷积核扫描的次数远比不上中间信息的扫描次数,这样就降低了边界信息的参考价值。

其次还有另外一个目的,有可能输入图片的尺寸参差不齐,Padding 可使所有的输入图像尺寸一致,避免训练过程中没必要的错误。

3. Stride

Stride(步幅)是卷积核工作的时候,每次滑动的格子数,默认是 1,也可以自行设置,步幅越大,扫描次数越少,得到的特征也就越"粗糙",至于如何设置,业界并没有很好的判断方法,也就是说,一切全靠大家自己去试,找出最合适的步幅,如图 4.18 所示。

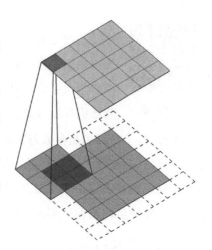

图 4.17　Padding 示意图

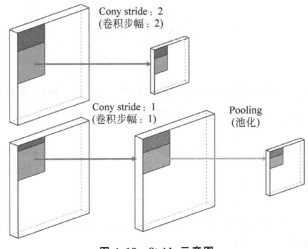

图 4.18　Stride 示意图

4.3.9　卷积神经网络小结

上面讲了这么多，其实放在 TensorFlow 或者 Keras 里面几行代码就可以实现，但是笔者还是倾向于让大家理解整个 CNN 到底是怎样训练的，它的优点又在哪里，这样不仅可以知道 CNN 能用来做什么，还可以知道 CNN 为什么能这么做，这样对大家以后自己组建一个厉害的网络很有指导意义。

4.4　超参数

视频讲解

经过 4.3 节卷积神经网络原理的讲解，笔者相信大家已经迫不及待地想构建属于自己的神经网络来训练了。不过，在此之前，笔者还是有一些东西要给大家介绍的，那就是神经网络的超参数（Hyperparameters），4.3.8 节已提及超参数。

不过，本节介绍的超参数与之前的不同，它是所有网络共有的超参数，也就是说不管搭建什么网络，我们都可以对这些超参数进行设置。不像 4.3 节介绍的卷积神经网络，它的一些特有超参数如 Padding，是其他网络不具备的。最后，对于超参数的定义，通俗易懂来讲就是在训练神经网络前必须人工设定的参数。

4.4.1　过拟合

在此之前，笔者先给大家科普一下什么是过拟合。举个最简单的例子，一般在考试前我们都会通过做题来复习，假如当晚做的题都在第二天考场上见到了，那么分数就会高很多，但是如果出别的题目，可能就答不上来了，这时候我们就把这种情况叫过拟合，因为我们只是记住了一些题目的特征,并没有很好地了解题目最本质的原理。

顺带给大家科普一下泛化性。泛化就像学神考试,不管他当晚有没有复习到第二天考试的题目,依旧能拿高分,因为学神已经将所有题目最本质的原理都学会了,所以不管出什么题目他都能通过已经掌握的原理去解答,这就是泛化。

训练模型也一样,当然我们希望训练出来的模型能和学神一般,不管碰到什么题目都能迎刃而解,而不是碰运气,临时抱佛脚。所以为了保证模型的泛化性,我们可以通过一些手段去避免过拟合,进而避免我们的模型在努力学习数据的本质规律时误入歧途。

下面笔者就给大家一一剖析神经网络是如何通过以下两种手段去应对过拟合现象的,不过在此之前,需要对过拟合有个直观的理解,如图 4.19 所示。

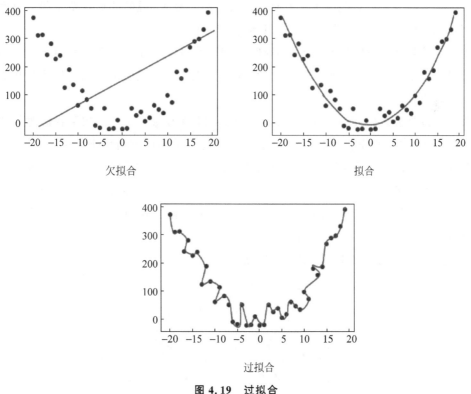

图 4.19 过拟合

1. 正则化

正则化(Regularization)有好几种,这里主要介绍 L1 与 L2 两种正则化,其他正则化与它们只是形式上有所区别,但正则化的数学核心思想都是一样的。L1 与 L2 正则化的公式如公式(4.28)和公式(4.29)所示。

L1 正则化:

$$C = C_0 + \frac{a}{n} \sum_w |w| \qquad (4.28)$$

L2 正则化：

$$C = C_0 + \frac{a}{2n}\sum_w w^2 \tag{4.29}$$

其中，C_0 指损失 Loss，不过今天的主角并不是它，而是权值累加项 $\frac{a}{n}\sum_w |w|$。C 是当前神经网络的损失，由 C_0 和权值累加项组成。看着这个公式，大家兴许并没有什么感觉，这时候大家可以回忆一下笔者刚刚举的例子。学神为什么这么强？因为他掌握了题目最本质的原理，这个原理比做很多重复的题目来记住题目本身要高效得多。那我们的模型要想跟学神一样强，那就必须大道至简，掌握数据规律中最基本的原理。

公式有个对权重的累加部分，我们设想一下，权重越大、越多，损失 C 是不是越大，像不像当年为了考高分疯狂背题的大家？是的，权值越多、越大，说明我们花费了很多时间和精力去记住某个题目的特征，而忽略了题目本身的原理。

加入权值累加项，就是为了让我们时时刻刻计算自己的损失。我们知道神经网络的训练是通过梯度下降不断减小损失 C 的过程，那么加上这一项就可以有"意识"地避开增大 w 的方向去行走。

我们可以将公式(4.28)和公式(4.29)中的 a 理解为惩罚因子。如果我们对权值累加项这个部分越重视，那我们就加大 a，迫使它向权值 w 减小的方向快速移动。

到现在为止，大家应该明白了正则化是为了模型的泛化而添加的一个权值累加项。接下来笔者给大家介绍 L1 和 L2 的区别。L1 是绝对值，L2 是平方，如公式(4.28)和公式(4.29)所示，以此类推可得出 L3、L4 等的正则项公式。L2 正则化公式前面的 1/2 只是为了求导的时候好约分，可以说算是一个计算技巧。

L2 与 L1 正则化的对比图，如图 4.20 所示。

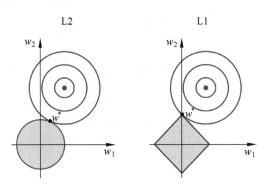

图 4.20　L2 与 L1 正则化

在只考虑二维的情况下，可在 (w_1, w_2) 的权值平面上可视化代价函数 Loss 的求解过程，圆心为样本值，半径是误差，边界是正则项的约束条件（权值累加项），两者相交点则是整个代价函数 Loss 的最优解。

整个求解的过程可理解为在 w_1、w_2 最小的情况下，让样本与正则化项（L1 或者 L2 的权值累加项)相交得到最优解。

我们可以看到,L2比较圆润(二次项),L1则是方块比较尖(一次绝对值),因此L2与样本相交的时候,最优解(w_1,w_2)都是有值的,而L1与样本相交得到的最优解(w_1,w_2),其中$w_1=0$。所以,L1倾向于更少的特征,其他特征为0,而L2倾向于更多的特征,每个特征都有值。这只是二维情况下,如果在三维甚至更高维度,L1为棱角分明的尖物体,而L2为圆润的物体,它们与高维样本相交的时候,生成的最优解也和二维情况一样。而且本质上也符合正则化项(权值累加项)的约束:尽可能让权值更小与更少,这样我们得到模型泛化性越强。

2. Dropout

可能有些读者会说,正则化只是让权值w变小,并没有让权值w的数量减少,因为当整个网络结构确定下来的时候,权值w的数量就已经确定了,而正则化并不能改变网络结构。这时候Dropout就登场了,我们在每一轮训练过程中随机放弃一些神经元节点,在一定程度上相当于减少了权值数量,用更少的权值数量去训练网络,就相当于我们用更高效的方法去掌握更多的题目,本质上就是加强模型泛化性的过程。

Dropout示意图如图4.21所示。

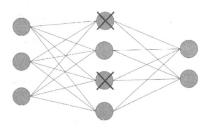

图4.21 Dropout示意图

4.4.2 优化器

整个网络的训练都是基于梯度下降法去训练的,但是当数据量多的时候,使用梯度下降法训练就会非常慢,因为每一轮训练都要对所有数据求梯度。为此,有人就对梯度下降法做出了优化,也就是笔者即将介绍的优化器(Optimizer)。

1. 随机梯度下降

梯度下降法每次训练都使用全部样本,然而这些计算是冗余的,因为每次训练都用同样的样本去计算。随机梯度下降法(Stochastic Gradient Decent,SGD)为此做了些许改变,每次只选择一个样本来更新梯度,学习速度非常快,并且支持对新的数据进行在线更新,如图4.22所示。

当然,为了提高速度,理所应当要付出一些代价。不像梯度下降法那样每次更新都朝着Loss不断减小的方向去移动,最后收敛于极值点(凸函数收敛于全局极值点,非凸函数可能会收敛于局部极值点），SGD 由于每次选择样本的随机性，会有些许波动，如图 4.22 所示，走的路会比较曲折，有时候会从一个点突然跳到另一个点去，不过这样也有好处，因为对于非凸 Loss 函数，我们用梯度下降法很可能收敛在局部极值点就不动了，但是 SGD 能用它的随机选择样本更新梯度的特性跳出局部极值点，很可能在非凸 Loss 函数中找到全局极值点。

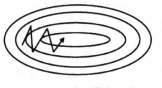

图 4.22　随机梯度下降

2. Momentum

我们知道了 SGD 的缺点，为了解决它的波动性，从而抑制 SGD 的振荡，可添加动量，Momentum 的公式为

$$v_t = \gamma v_{t-1} + \eta \, \nabla_\theta J(\theta) \tag{4.30}$$

$$\theta = \theta - v_t \tag{4.31}$$

其中，γ 为动量因子，通常取值为 0.9 左右，$J(\theta)$ 为损失函数，η 为学习率，θ 为梯度。

我们通过添加 γv_{t-1} 这项，让随机梯度下降拥有了动量，动量是具有惯性的，也就是在下山过程中，即使随机走路，也受限于惯性，不可能随便跳来跳去，从而抑制了 SGD 在梯度下降过程中振荡，如图 4.23 所示。

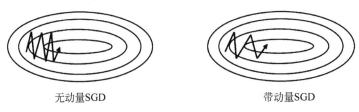

无动量SGD　　　　　　　带动量SGD

图 4.23　动量

从图 4.23 我们可以看出，加入动量可抑制振荡，走的路至少不这么曲折了，这个方法就是 Momentum。

3. RMSprop

熟悉 TensorFlow 或者 Keras 调参的读者可能会觉得学习率（Learning rate）调参是件比较麻烦的事，为此，自适应的学习率调参方法出现了，目的是减少人工调参的次数（只是减少次数，还是需要人工设定学习率的）。RMSprop 是其中一个比较优秀的自适应学习率方法，如公式（4.32）和公式（4.33）所示

$$E[g^2]_t = 0.9 E[g^2]_{t-1} + 0.1 g_t^2 \tag{4.32}$$

$$\theta_{t+1} = \theta_t - \frac{\eta}{\sqrt{E[g^2]_t + \varepsilon}} g_t \tag{4.33}$$

其中，g 为 $\nabla_\theta J(\theta)$，即对损失函数的求导，η 为全局初始学习率，ε 为极小的常量，E 为指数加权的移动平均。

RMSprop 使用的是指数加权平均，旨在消除梯度下降中的摆动，与 Momentum 的效果

一样,某一维度的导数比较大,则指数加权平均就大;某一维度的导数比较小,则指数加权平均就小,这样保证了各维度导数都在一个量级,进而减少了摆动。

4. Adaptive Moment Estimation(Adam)

现在我们讲最后一个优化器 Adam,它相当于 RMSprop + Momentum,也就是拥有了这两者的优点,因此在很多优秀的论文中都能看到它被用作神经网络的优化器。所以,如果不知道如何选择优化器,那就选 Adam 优化器吧!

4.4.3 学习率

在 4.2 节全连接神经网络中我们已经了解了学习率,这里再一次提及只是为了让整个超参数知识体系更加完整,避免大家知其一不知其二。梯度下降更新权值如公式(4.34)所示。

$$w_{t+1} = w_t - \alpha \cdot \text{gradient} \tag{4.34}$$

整个训练过程是梯度下降更新权值的过程,学习率的作用可以通过公式(4.34)及图 4.24 来理解,对于凸函数,大的学习率可能会在学习过程中跳过全局极值点,小的学习率虽然速度慢但是最终能收敛到全局极值点,求得最优解。

图 4.24 不同学习率的梯度下降

但是对于非凸函数,可能存在许多局部最小值,使用较小的学习率去训练的时候,很可能让整个网络收敛于局部最小值而不是全局最小值,从而得不到最优解。

可能有些读者还不了解什么是非凸函数。如图 4.25 所示,非凸函数是存在局部最低点的一个函数,但局部最低点并不一定是全局最低点。

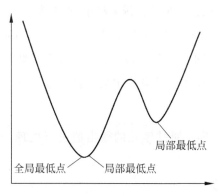

图 4.25 非凸函数

我们应该怎样选择学习率呢？目前业界并没有很好的方法，我们可以通过自己调参将学习率调到最优。

4.4.4 常见的激励函数

视频讲解

在谈及常见的激励函数前，我们得先知道激励函数有什么作用。如图 4.3 所示，神经元的输出值会经历一个 f 函数，这个函数叫作激励函数（Activation function）。加入激励函数的目的也非常纯粹，就是为了让神经网络模型能够逼近非线性函数。倘若我们去掉激励函数，神经元就只有线性函数 $y=wx+b$，这样的神经网络只能逼近线性函数。假如在不加激励函数的前提下，我们要训练一个分类模型，如果数据是非线性可分的，那么模型的准确率会相当低，因为我们的模型训练不出一个非线性函数去拟合数据。数据线性不可分与线性可分的对比如图 4.26 所示。

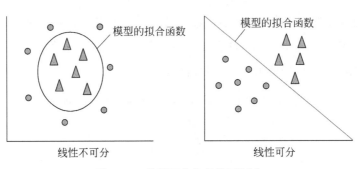

图 4.26 线性可分与线性不可分

1. sigmoid 与 tanh 激励函数

如图 4.27 所示，sigmoid 函数可以将神经元的输出值压缩到(0，1)，是早期常用的激励函数之一。但是随着算力的提升，人们开始搭建多层神网络模型，sigmoid 的缺点也就暴露出来了。每一个神经元的输出值是经过激励函数之后，传递给下一个神经元的，也就是说，层与层之间的神经元是连乘的关系，倘若在多层神经网络层使用 sigmoid 函数，它将每一层的神经元输出值压缩至(0，1)，那么连乘的结果就会越来越小，直至为 0，也就是我们常说的梯度消失。

与之有类似缺点的激励函数还有 tanh 函数，如图 4.28 所示，因此现在经常将 sigmoid 和 tanh 用在层数较少的神经网络模型中，或者放在回归模型输出层中用作回归的激励函数，抑或放在分类模型输出层中用作计算概率的激励函数。

2. Linear 激励函数

线性（Linear）激励函数，即不对神经元的输出值进行处理，直接输出，通常用在回归模型的输出层中。

3. softmax 激励函数

softmax 激励函数的原理详见 4.3.7 节。

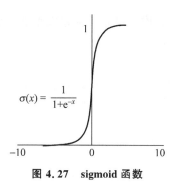

图 4.27 sigmoid 函数

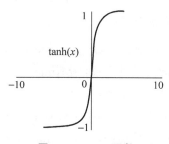

图 4.28 tanh 函数

4. Relu 激励函数

sigmoid 和 tanh 激励函数容易导致多层神经网络模型在训练过程中出现梯度消失的现象。为此，如图 4.29 所示，有人提出了 Relu 激励函数来弥补它们的不足之处，因此 Relu 函数及其变种（leaky Relu、pre Relu 等）经常放在多层神经网络的中间层。且 Relu 函数的计算速度比 sigmoid 和 tanh 快。如图 4.29 所示，Relu 函数只需要判断神经元的输出值是否小于 0，然后输出相应的值即可，因此整体网络的收敛速度会比较快。

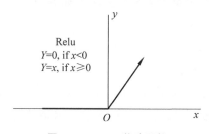

图 4.29 Relu 激励函数

4.4.5 常见的损失函数

同样地，在谈及损失函数之前，我们先复习一下整个神经网络的训练过程。它是基于梯度下降的方法去不断缩小预测值与真实值之间差值的过程。而这个差值就是损失（Loss），计算这个损失的函数就是损失函数（Loss function）了。且损失函数是和神经网络输出层的激励函数相配套的。接下来笔者将根据我们训练的任务来讲解常见的损失函数。

1. 回归任务

损失函数（Loss function）：mse

输出层配套激励函数：linear、sigmoid、tanh

输出层神经元个数：1 个

均方误差 mse 如公式（4.35）所示

$$\text{mse} = \frac{1}{n}\sum_{i=1}^{n}(f_i - y_i)^2 \qquad (4.35)$$

其中，f 是模型预测值，y_i 是实际值，计算两者的均方误差可衡量模型的有效性。

2. 二分类任务

（1）损失函数：binary_crossentropy

输出层配套激励函数：softmax

输出层神经元个数：2 个

（2）损失函数：binary_crossentropy

输出层配套激励函数：sigmoid 或者 tanh

输出层神经元个数：1 个

这个损失函数（二分类交叉熵）要求训练样本标签必须为独热编码（One-hot encode），拟合损失的过程见 4.4.1 节，这里就不赘述了。

3. 多分类任务

（1）损失函数：categorical_crossentropy

输出层配套激励函数：softmax

输出层神经元个数：几个分类便对应几个神经元

这个损失函数（多分类交叉熵）要求训练样本标签（Label）必须为独热编码（One-hot encode），拟合损失的过程见 4.4.1 节。

（2）损失函数：sparse_categorical_crossentropy

输出层配套激励函数：softmax

输出层神经元个数：几个分类便对应几个神经元

这个损失函数与（多分类交叉熵）相同，不过要求训练样本标签（Label）必须为数字编码，如图 4.30 所示。

	Label
猫	1
狗	2
猪	3

图 4.30 数字编码

4.4.6 其他超参数

epoch：训练模型的迭代次数。我们主要看损失是否收敛在一个稳定值，若收敛则当前设置的 epoch 为最佳。

Batch Size：我们用来更新梯度的批数据大小。Batch Size 设置得不能太大也不能太小，一般为几十或者几百。笔者的调参经验是看 GPU 占用率。我们在命令行输入 gpustat 查看 GPU 占用率，如图 4.31 所示。Batch Size 越大，GPU 占用率也就越高，一般占满整个 GPU 卡训练模型为最佳。业界传闻使用 2 的幂次可以发挥更佳的性能，笔者并没有尝试过，大家可以去尝试一下。

```
[1] GeForce GTX 1080 Ti | 28'C,  0 % |    0 / 11178 MB |
[2] GeForce GTX 1080 Ti | 29'C,  0 % | 2305 / 11178 MB |
[3] GeForce GTX 1080 Ti | 29'C,  0 % |    0 / 11178 MB |
[4] GeForce GTX 1080 Ti | 35'C,  0 % |    0 / 11178 MB |
[5] GeForce GTX 1080 Ti | 35'C,  0 % |    0 / 11178 MB |
[6] GeForce GTX 1080 Ti | 35'C,  0 % |    0 / 11178 MB |
[7] GeForce GTX 1080 Ti | 34'C,  0 % |    0 / 11178 MB |
```

图 4.31 GPU 占用率

4.4.7 超参数设置小结

笔者已经将深度学习的超参数的知识点讲解完了。大家在掌握了整体的超参数设置的知识体系后,就可以构建神经网络模型时添加适当的超参数,让整个模型的训练更加的高效,从而得到更加准确的结果。

当然了,大家也可以创造属于自己的激励函数或者损失函数,要是能设计出比常用的还要优秀的函数,这就是轰动 AI 领域的大事了。

如果需要,大家可以去 Keras 或者 TensorFlow 官网查看更多的参数含义与用途,不过笔者在这建议大家在需要的时候去翻阅一下即可,因为不可能把所有函数都记住。

4.5 自编码器

视频讲解

自编码器是一种输入等于输出的神经网络模型,可能大家会疑惑为什么要训练一个这样的模型,毕竟输入等于输出看来就是一件多此一举的事情。一个简单的全连接神经网络自编码器模型如图 4.32 所示。

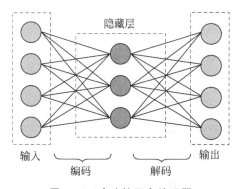

图 4.32 全连接层自编码器

4.5.1 自编码器的原理

全连接层神经网络组成的最简单的自编码器只有 3 层结构,中间的隐藏层才是我们所需要关注的地方,以隐藏层为界限,左边为编码器(Encoder),右边为解码器(Decoder),所以在训练过程中,输入才能在经过编码后再解码,还原成原来的模样。

对传统机器学习有所了解的读者应该都知道 PCA(主成分分析),它是用来对数据进行降维的。不了解 PCA 的读者也没关系,我们现在学习的自编码器也有这个功能,所以学完之后再看 PCA 兴许会理解得更加深刻些。

现在我们看图 4.32,假如我们通过一组数据训练出了我们的自编码器,然后我们拆掉自编码器的解码器,就可以用剩下的编码器来表征我们的数据了。如果隐藏层的神经元数目远低于输入层,那么就相当于我们用更少的特征(神经元)去表征我们的输入数据,从而达到降维压缩的功能。

自编码器还有降噪的功能,它是如何实现这个功能的呢?在此之前笔者先给大家介绍一下数据集——minist 手写体,这是 Keras 自带的数据集,如图 4.33 所示。

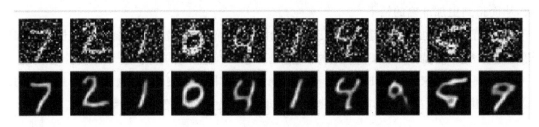

图 4.33　minist 手写体降噪前后对比图

这个数据集就是手写数字 0~9 的图像集合,图 4.33 的第一行是加噪后的手写体数据集,第二行则是原本的手写体数据集。我们把加噪后的数据集当成输入,原本的数据集当作输出,训练一个自编码器,让它在训练过程中学习数据的规律,从而把噪声去掉。这就是去噪功能。

到这里,笔者就已经把自编码器的原理和功能给大家讲清楚了。接下来,我们进一步介绍几种有用的自编码器。

4.5.2　常见的自编码器

1. 普通自编码器

就是本节开头讲的最简单的自编码器。

2. 多层自编码器

多个全连接神经网络隐藏层组成自编码器,如图 4.34 所示。

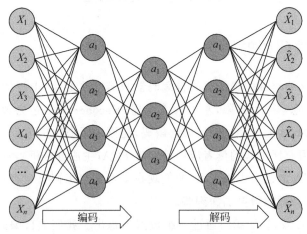

图 4.34　多层自编码器

3. 卷积自编码器

由 CNN 组成的自编码器。用卷积层替换全连接层的原因也很简单,传统自编码器一般使用的是全连接层,对于一维信号并没有什么影响,但是对于二维图像或视频信号,全连接层会损失空间信息,而通过卷积操作,卷积自编码器能很好地保留二维信号的空间信息。卷积自编码器如图 4.35 所示。

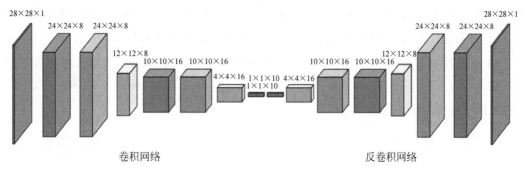

图 4.35 卷积自编码器

4. 正则自编码器

稀疏自编码器:稀疏自编码器就是普通自编码器的隐藏层加一个 L1 正则项,也就是一个训练惩罚项,这样我们训练出的编码器表征的特征更加稀疏,从而能得到少且有用的特征项。这也是使用 L1 正则项而不用 L2 正则项的原因。L1 和 L2 正则项的原理,详见 4.4 节。

降噪自编码器:降噪自编码器就是输入换成了加噪的数据集,输出用原数据集去训练的自编码器,目的是学会降噪。

4.5.3 自编码器小结

在本节中,笔者给大家介绍了自编码器的基本框架和几种常见类型的自编码器。这些自编码器根据不同的约束条件,会呈现出不同的属性。因为自编码器的原理相对简单,所以笔者相信大家看完本节之后都能吃透其中原理。

4.6 RNN 与 RNN 的变种结构

这一节,笔者将给大家介绍深度学习的循环神经网络(Recurrent Neural Networks,RNN)、RNN 结构变种长短期记忆网络(Long-Short Term Memory Networks,LSTM)和门控循环单元(Gated Recurrent Neural Network,GRU)。

4.6.1 RNN 与全连接神经网络的区别

视频讲解

同样地,我们首先来对比简单的全连接神经网络和 RNN 的结构有什么异同,如图 4.36 和图 4.3 所示,我们会发现 RNN 比全连接神经网络多了参数 h_0,因此 RNN 的神经元公式会比全连接神经网络的神经元公式多一项(f 为激励函数),如图 4.36 所示。至于训练过程,和全连接神经网络并没有区别,都是基于梯度下降的方法去不断缩小预测值与真实值之间差值的过程。

图 4.36 所示的是简单的 RNN 结构,它的隐藏层 h 与输出 y 相同,我们常用的 RNN 结构当然不会这么简单,对图 4.36 所示的 RNN 结构进一步的拓展,如图 4.37 所示。这是一个经典的多输入单输出的结构。

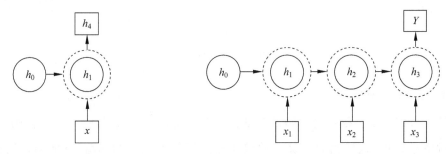

图 4.36 RNN 最简结构　　　　图 4.37 多输入单输出的 RNN 结构

此时输出层的神经元公式为

$$y = f(Ux_3 + Wh_3 + b) \tag{4.36}$$

$$h_i = f(Ux_i + Wh_{i-1} + b) \tag{4.37}$$

由结构和公式可知,整个 RNN 结构共享 1 组 (U, W, b),这是 RNN 结构最重要的特性,且每一个隐藏层神经元 h 的计算公式是由当前输入 X 与上一个隐藏层神经元的输出组成。

这里为了方便起见,笔者只画了序列长度为 3 的 RNN 结构,大家可以按照这样的结构,将整个 RNN 结构无限扩大,最后接一个分类输出层或者回归输出层即可。

4.6.2 RNN 的优势

到这里,RNN 的原理也就讲完了,那么相比于全连接神经网络和卷积神经网络,RNN 的优势又在哪里呢?我们可以看图 4.37 所示的 RNN 结构,输入是多个且有序的,它可以模拟人类阅读的顺序去读取文本或者别的序列化数据,且通过隐藏层神经元的编码,上一个隐藏层神经元的信息可以传递到下一个隐藏层神经元,因而形成一定的记忆能力,能够更好地理解序列化数据。

4.6.3 其他 RNN 结构

图 4.37 所示的 RNN 结构最经典的用途是文本(序列)分类。当然了,RNN 不止这种结构,大家可以按照自己的想法去设计输入和输出,从而完成相应的任务,接下来笔者就给大家介绍几种常见的 RNN 结构与其用途。

1. 单输入多输出的 RNN 结构

单输入多输出的 RNN 结构通常应用于输入一个图像,输出描述该图像的文本。如图 4.38 和图 4.39 所示。

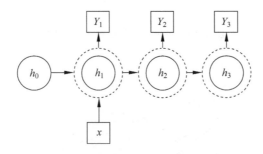

图 4.38　单输入多输出的 RNN 结构

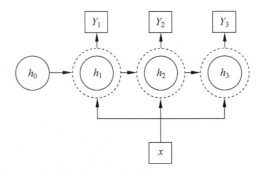

图 4.39　单输入多输出的 RNN 结构

2. 多输入多输出的 RNN 结构

由于输入与输出等长,这种结构的用途就比较狭窄,仅限于输入与输出等长的序列数据,如诗词文等,作诗机器人就是这么诞生的,如图 4.40 所示。

3. 输入输出不等长的多输入多输出 RNN 结构(Seq2Seq 模型)

在 4.4 节我们已经提及了自编码器的概念,自编码器的原理可以简单理解为输入等于输出的神经网络模型,如图 4.41 所示。

这次的主角当然不是全连接神经网络,我们只是利用 RNN 和自编码器的原理构造一个翻译机器人。同样地,这个自编码器(翻译机器人)的输入也等于输出,只不过输入与输出用不同的语言去表示罢了,如图 4.42 和图 4.43 所示。当然了,这个结构也可以用来完成文章摘要提取或者语音转换文字等任务。这种 RNN 模型称为 Seq2Seq 模型。

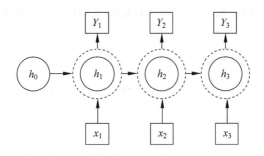

图 4.40　多输入多输出的 RNN 结构

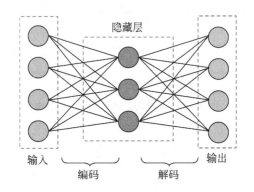

图 4.41　简单的全连接神经网络自编码器示意图

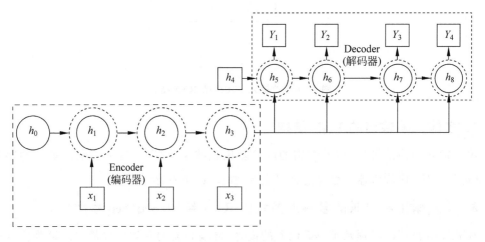

图 4.42　Seq2Seq 结构形式 1

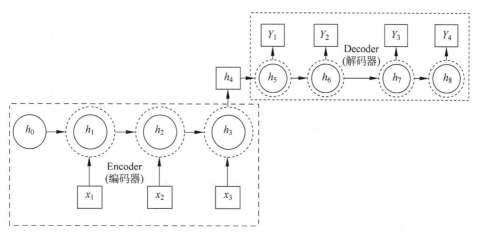

图 4.43　Seq2Seq 结构形式 2

4. 注意力机制下的 Seq2Seq 模型

上面我们提到了 Seq2Seq 模型可以完成机器翻译等任务，但我们从它的结构可以看出，解码器的输入都是编码器的同一个输出，也就是说不论输入的语句是什么，编码器都会将它转换成同一个中间语义 h_i。而我们知道的是每一句话都有其侧重点，翻译当然也应该注意其侧重点，不应该是每一个词在一个句子中都具有同等地位，这样翻译出来的句子肯定效果不佳。所以，有人为此提出了注意力机制（Attention mechanism），让我们在使用 Seq2Seq 的过程中，加入注意力机制，聚焦重点，提升模型效果。下面笔者以机器翻译为例子，让大家对注意力机制有更加直观的认识。

如图 4.44 所示，注意力机制下的 Seq2Seq 模型的输入与输出是等长的，和前面笔者介绍的多输入多输出的 RNN 结构一样，只是输入变了，输入不是直接的序列输入，而是经过编码器转换的中间语义 C，而这些输入 C 也各不相同，每一个 C 都是由权重 w 和编码器的隐藏层输出 h 加权组成，如图 4.45 所示。

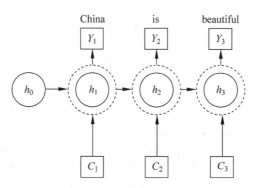

图 4.44　注意力模型（解码器）

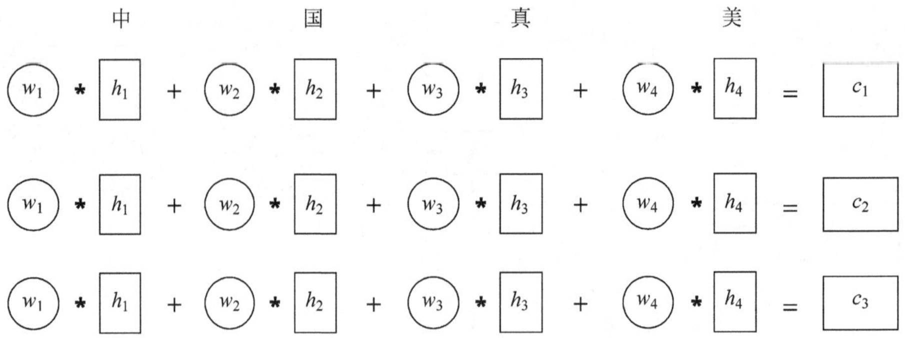

中
国
真
美
w_1 * h_1 + w_2 * h_2 + w_3 * h_3 + w_4 * h_4 = c_1
w_1 * h_1 + w_2 * h_2 + w_3 * h_3 + w_4 * h_4 = c_2
w_1 * h_1 + w_2 * h_2 + w_3 * h_3 + w_4 * h_4 = c_3

图 4.45 中间语义转换示意图

在解码器部分，中间语义 C_1、C_2、C_3 之间的权值表征是不同的，这也就是我们所说的注意力机制。换言之，随着训练过程的进行，重点一直在变化，而这些变化则由图 4.45 中的权重 w 去表示，当训练停止时，权重值也就确定下来了，此时的权重值是最拟合当前训练数据的。例如 C_1 的重点在“中”这个字，那么中间语义可以表示为 $C_1=0.6h_1+0.2h_2+0.1h_3+0.1h_4$（权值可以看成概率，所有权值加起来为 1）。因此中间语义的转换公式如式(4.38)所示

$$C_i=\sum_{j}^{n} w_{ij} h_i \tag{4.38}$$

其中，n 为输入序列的长度。

此时，我们唯一要解决的是，如何去求中间语义 C 的权值 w 表征。这就涉及注意力模型的另一部分(编码器)，如图 4.46 所示。F 函数和 softmax 函数，大家可以理解为我们要计算当前的 h_i 与全部 h(包括 h_i)之间的差别，从而计算出在 i 时刻下，每一个 h 对应的权值(即概率)。换言之，大家可以将图 4.46 看成分类问题，与 h_i 越相近，输出的概率就越大。

输出概率w_i
softmax
h_i
$F(h_j, h_i)$
h_0
h_1
h_2
h_3
h_4
中
国
真
美

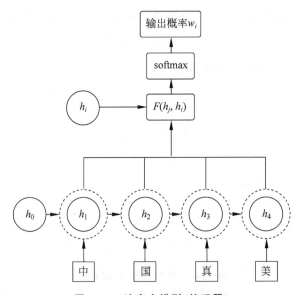

图 4.46 注意力模型(编码器)

到这里，几种常见的 RNN 结构也就介绍完了，它们的训练过程与之前讲的多输入单输出的 RNN 结构训练过程并没有太大的区别，也是基于梯度下降原则去不断缩小真实值与预测值之间的差值，只不过有些结构的输出值多一点罢了。

4.6.4 LSTM

视频讲解

笔者在 4.6.3 节提过 RNN 结构共享 1 组 (U, W, b)，这是 RNN 结构最重要的特性，不过也是由于这个特性，才导致了 LSTM 的诞生。

因为在 (U, W, b) 不变的情况下，梯度在反向传播过程中，不断连乘，数值不是越来越大就是越来越小，这样就出现了梯度爆炸或梯度消失的情况，所以往往用 RNN 去训练模型得不到预期的效果。

RNN 结构之所以出现梯度爆炸或者梯度消失，最本质的原因是梯度在传递过程中存在极大数量的连乘，为此有人提出了 LSTM 模型，它可以对有价值的信息进行记忆，放弃冗余记忆，从而减小学习难度。

与 RNN 相比，LSTM 的神经元是基于输入 X 和上一级的隐藏层输出 h 来计算的，只不过内部结构变了，也就是神经元的运算公式变了，而外部结构并没有任何变化，因此上面提及的 RNN 各种结构都能用 LSTM 来替换。

相对于 RNN，LSTM 的神经元加入了输入门 i、遗忘门 f、输出门 o 和内部记忆单元 c。整体的 LSTM 结构如图 4.47 所示，之后笔者将对它内部结构的运算逻辑进行详细讲解。

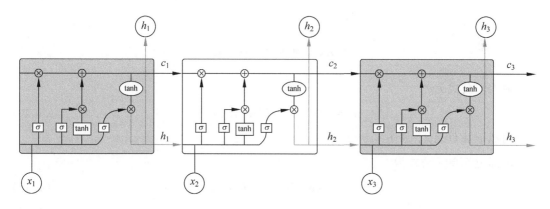

图 4.47　LSTM 结构图

遗忘门 f：控制输入 X 和上一层隐藏层输出 h 被遗忘的程度大小，如图 4.48 所示。
遗忘门公式为

$$f_t = \sigma(W_f x_t + U_f h_{t-1} + b_f) \tag{4.39}$$

输入门 i：控制输入 X 和当前计算的状态更新到记忆单元的程度大小，如图 4.49 所示。

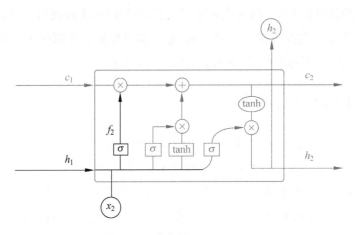

图 4.48 遗忘门(Forget gate)

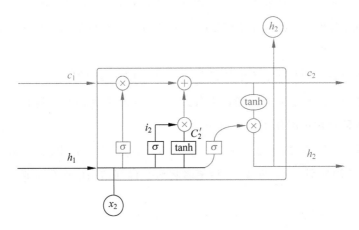

图 4.49 输入门(Input gate)

输入门公式为

$$i_t = \sigma(W_i x_t + U_i h_{t-1} + b_i) \qquad (4.40)$$

内部记忆单元 c：如图 4.50 所示。

内部记忆单元公式为

$$c'_t = \tanh(W_c x_t + U_c h_{t-1}) \qquad (4.41)$$

$$c_t = f_t c_{t-1} + i_t c'_t \qquad (4.42)$$

输出门 o：控制输入 X 和当前输出取决于当前记忆单元的程度大小，如图 4.51 所示。

输出门公式为

$$o_t = \sigma(W_o x_t + U_o h_{t-1} + b_o) \qquad (4.43)$$

$$h_t = o_t \tanh(c_t) \qquad (4.44)$$

其中，σ 一般选择 sigmoid 作为激励函数，主要起门控作用。因为 sigmoid 函数的输出为 0～1，当输出接近 0 或 1 时，符合物理意义上的关与开。tanh 函数作为生成候选记忆 C

的选项,因为其输出为-1~1,符合大多数场景下的 0 中心的特征分布,且梯度(求导)在接近 0 处,收敛速度比 sigmoid 函数要快,这也是选择它的另一个原因。不过 LSTM 的激励函数也不是一成不变的,大家可以根据自己的需求去更改,只要能更好地解决自己的问题即可。

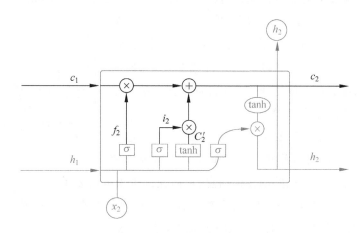

图 4.50 内部记忆单元

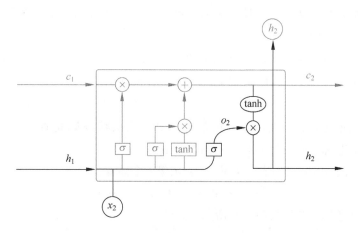

图 4.51 输出门(Output gate)

对于一个训练好的 LSTM 模型,我们要知道它的每一个门(遗忘门、输出门和输入门)都有各自的(U,W,b),上述公式也有所体现,这是在训练过程中得到的。而且当输入的序列不存在有用信息时,遗忘门 f 的值就会接近 1,那么输入门 i 的值接近 0,这样过去有用的信息就会被保存。当输入的序列存在重要信息时,遗忘门 f 的值就会接近 0,那么输入门 i 的值接近 1,此时 LSTM 模型遗忘过去的记忆,记录重要记忆。

因此我们可以看出由遗忘门、输出门、输入门和内部记忆单元共同控制 LSTM 输出 h 的设计,使得整个网络更好地把握序列信息之间的关系。

4.6.5　门控循环单元

视频讲解

4.6.4 节我们讲解了 LSTM 的原理，但大家会觉得 LSTM 门控网络结构过于复杂与冗余。为此，Cho、van Merrienboer、Bahdanau 和 Bengio[1] 在 2014 年提出了门控循环单元，结构如图 4.52 所示，是对 LSTM 的一种改进。它将遗忘门和输入门合并成更新门，同时将记忆单元与隐藏层合并成了重置门，进而让整个结构运算变得更加简化且性能得以增强。

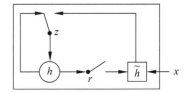

图 4.52　门控循环单元[1]

在此结构中，当复位门接近于 0 时，隐藏状态被迫忽略先前的隐藏状态，仅用当前输入进行复位。这有效地使隐藏状态可以丢弃将来不相关的任何信息，从而允许更紧凑的表示。

另外，更新门控制从前一个隐藏状态将有多少信息转移到当前隐藏状态。这类似于 LSTM 网络中的记忆单元，并有助于 RNN 记住长期信息。

由于每个隐藏单元都有单独的重置门和更新门，因此每个隐藏单元将学会捕获不同时间范围内的依赖关系。那些学会捕获短期依赖关系的单元将倾向于重置门，而那些捕获长期依赖关系的单元将倾向于更新门。

而且大量的实验证明，GRU 在结构上比 LSTM 简单，参数更少，但在实践中与 LSTM 的性能没有明显的差距，甚至可能在某些任务上性能更好，因此也是当前较为流行的一种 RNN 变种结构。

更新门 z 决定是否将新的隐藏层状态 $\widetilde{h_t}$ 更新隐藏层状态 h，重置门 r 决定是否将之前的隐藏层状态 h 遗忘，如公式(4.45)～公式(4.48)所示。

重置门 r_t 如公式(4.45)所示，其中 r_t 表示第 t 个隐藏层单元。

$$r_t = \sigma(W_r x_t + U_r h_{t-1} + b_r) \tag{4.45}$$

类似地，更新门 z_t 如公式(4.46)所示。

$$z_t = \sigma(W_z x_t + U_z h_{t-1} + b_z) \tag{4.46}$$

基于重置门计算的隐藏状态 $\widetilde{h_t}$ 如公式(4.47)所示。

$$\widetilde{h_t} = \tanh(W_h x_t + U_h (r_t \odot h_{t-1}) + b_h) \tag{4.47}$$

基于更新门对隐藏的状态更新公式如公式(4.48)所示。

$$h_t = z_t \odot h_{t-1} + (1 - z_t) \odot \widetilde{h_t} \tag{4.48}$$

其中 σ 为逻辑 sigmoid 函数，x_t 为当前 t 时刻的输入，h_{t-1} 为 t 时刻之前的隐藏层状态，$\odot$ 为同或运算。W 和 U 为权值矩阵，b 为偏置矩阵，在训练中学习，在训练结束时确定。

4.6.6　RNN 与 RNN 变种结构小结

到这里，我们已经讲解过 RNN 和其变种结构 LSTM 与 GRU 的知识点。而且我们要知道,由于RNN存在梯度爆炸和梯度消失的缺点,现在LSTM和GRU的应用范围会比RNN广阔得多,所以提及RNN,一般指的都是它的变种结构。不过讲了这么多,我们在神经网络框架Keras或者TensorFlow上使用它们也就两三行代码,但是只有熟悉原理,才能更加好地使用它们去完成相应的任务。

当然,笔者在本节所提及的RNN模型只是几种经典的结构,它有各种各样的变种,因此大家需要熟悉它的原理,并在实际工作和学习中结合问题去选择合适的结构,做到具体问题具体分析,切忌死记硬背。

4.7 代码实践

"纸上得来终觉浅,绝知此事要躬行。"理论是指导实践的基础,实践又是巩固理论的利器。理论与实践相结合,有助于大家对神经网络有更深刻的理解。所以,从本节开始,我们就从神经网络的原理篇走到了实践篇。

本节的实验均在Anaconda Python 3.7、Jupyter Notebook与Keras环境下完成。因此,还未进行环境配置的读者,请翻阅第2章与4.1节。

4.7.1 全连接神经网络回归——房价预测

视频讲解

1. 全连接神经网络与回归

神经网络回归(Quantile RegressionNeural Network,QRNN)是由Talor提出来的非参数非线性方法。它结合了神经网络和回归的两大优势,具有强大功能,能够揭示数据分布规律。

回归是确定两种或两种以上的变量间相互依赖的定量关系的方法。这里我们通过波士顿地区的13个特征与其房价,来确定这13个特征(自变量)和房价(因变量)之间的关系(模型)。

接下来,笔者就给大家分享如何用全连接神经网络回归去拟合波士顿的房价数据,从而训练出一个可以预测波士顿房价的神经网络模型,进而让大家通过一个简单的实验来巩固之前所学的全连接神经网络知识。

2. 实验步骤

(1) 加载数据。

(2) 划分训练集和验证集:用验证集去评估模型的稳健性,防止过拟合。

(3) 数据归一化:目的是消除数据间量纲的影响,使数据具有可比性。

(4) 构建神经网络与训练。

(5) 训练历史可视化。

(6) 保存模型。

(7) 模型的预测功能与反归一化。

1）代码

```
1.  # /chapter/4_7_1_MLP.ipynb
2.  from keras.preprocessing import sequence
3.  from keras.models import Sequential
4.  from keras.datasets import boston_housing
5.  from keras.layers import Dense, Dropout
6.  from keras.utils import multi_gpu_model
7.  from keras import regularizers                      # 正则化
8.  import matplotlib.pyplot as plt
9.  import numpy as np
10. from sklearn.preprocessing import MinMaxScaler
11. import pandas as pd
```

2）加载数据

```
1.  (x_train, y_train), (x_valid, y_valid) = boston_housing.load_data()    # 加载数据
2.
3.  #转成DataFrame格式方便数据处理
4.  x_train_pd = pd.DataFrame(x_train)
5.  y_train_pd = pd.DataFrame(y_train)
6.  x_valid_pd = pd.DataFrame(x_valid)
7.  y_valid_pd = pd.DataFrame(y_valid)
8.  print(x_train_pd.head(5))
9.  print('------------------- ')
10. print(y_train_pd.head(5))
```

3）数据归一化

```
1.  # 训练集归一化
2.  min_max_scaler = MinMaxScaler()
3.  min_max_scaler.fit(x_train_pd)
4.  x_train = min_max_scaler.transform(x_train_pd)
5.
6.  min_max_scaler.fit(y_train_pd)
7.  y_train = min_max_scaler.transform(y_train_pd)
8.
9.  # 验证集归一化
10. min_max_scaler.fit(x_valid_pd)
11. x_valid = min_max_scaler.transform(x_valid_pd)
12.
13. min_max_scaler.fit(y_valid_pd)
14. y_valid = min_max_scaler.transform(y_valid_pd)
```

4）训练模型

```
1.  # 单CPU或GPU版本,若有GPU则自动切换
2.  model = Sequential()                                # 初始化,很重要!
```

```
3.   model.add(Dense(units = 10,              # 输出大小
4.                   activation = 'relu',     # 激励函数
5.                   input_shape = (x_train_pd.shape[1],)) # 输入大小,也就是列的大小
6.            )
7.           )
8.
9.   model.add(Dropout(0.2))                  # 丢弃神经元链接概率
10.
11.  model.add(Dense(units = 15,
12.  #              kernel_regularizer = regularizers.l2(0.01),  # 施加在权重上的正则项
13.  #              activity_regularizer = regularizers.l1(0.01), # 施加在输出上的正则项
14.                   activation = 'relu'     # 激励函数
15.  #  bias_regularizer = keras.regularizers.l1_l2(0.01)  # 施加在偏置向量上的正则项
16.           )
17.          )
18.
19.  model.add(Dense(units = 1,
20.                   activation = 'linear'   # 线性激励函数,回归一般在输出层用这个激励函数
21.           )
22.          )
23.
24.  print(model.summary())                   # 打印网络层次结构
25.
26.  model.compile(loss = 'mse',              # 损失均方误差
27.               optimizer = 'adam',         # 优化器
28.               )
29.  history = model.fit(x_train, y_train,
30.               epochs = 200,               # 迭代次数
31.               batch_size = 200,           # 每次用来梯度下降的批处理数据大小
32.               verbose = 2,
     # verbose: 日志冗长度,int: 冗长度,0:不输出训练过程,1:输出训练进度,2:输出每一个 epoch
33.               validation_data = (x_valid, y_valid)  # 验证集
34.          )
```

5)训练过程可视化

```
1.  import matplotlib.pyplot as plt
2.  # 绘制训练 & 验证的损失值
3.  plt.plot(history.history['loss'])
4.  plt.plot(history.history['val_loss'])
5.  plt.title('Model loss')
6.  plt.ylabel('Loss')
7.  plt.xlabel('Epoch')
8.  plt.legend(['Train', 'Test'], loc = 'upper left')
9.  plt.show()
```

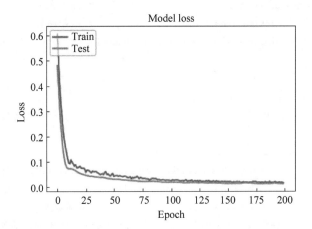

6) 保存模型、模型可视化及加载模型

```
1.  from keras.utils import plot_model
2.  from keras.models import load_model
3.  # 保存模型
4.  model.save('model_MLP.h5')                          # 生成模型文件 'my_model.h5'
5.
6.  # 模型可视化需要安装 pydot,安装指令为 pip install pydot
7.  plot_model(model, to_file = 'model_MLP.png', show_shapes = True)
8.
9.  # 加载模型
10. model = load_model('model_MLP.h5')
```

7) 模型的预测功能

```
1.  # 预测
2.  y_new = model.predict(x_valid)
3.  # 反归一化还原原始量纲
4.  min_max_scaler.fit(y_valid_pd)
5.  y_new = min_max_scaler.inverse_transform(y_new)
```

3. 结果分析

在迭代了 200 个 epochs 之后,训练集和验证集的损失(Loss)趋于平稳,这时,我们得到的模型已经是最优的了。所以将 epoch 设置为 200 即可。

4.7.2 全连接神经网络与文本分类

视频讲解

本节介绍如何用全连接神经网络对招聘数据进行分类,从而训练出一个可以分类招聘信息的神经网络模型。

1. 文本表示

计算机是无法直接处理文本信息的，所以在我们构建神经网络之前，要对文本进行一定的处理。

相信大家对独热编码（One-hot encode）应该不陌生了，虽说它能把所有文本用数字表示出来，但是表示文本的矩阵会非常稀疏，极大地浪费了空间，而且这样一个矩阵放入神经网络训练也会耗费相当多的时间。

为此，Bengio等人[2]提出了词向量模型（Word2Vec）。词向量模型是一种将词的语义映射到向量空间的技术，也就是用向量来表示词，比独热编码占用的空间小，而且词与词之间可以通过计算余弦相似度来看两个词的语义是否相近，显然King和Man两个单词语义更加接近，而且通过实验我们知道King－Man＋Woman＝Queen，也验证了词向量模型的有效性。Word2Vec的示意图如图4.53所示。

目前Word2Vec技术有好几种，CBOW、Skip-gram、GloVe及2018年大火的BERT（将会在第8章介绍），原理都差不多，我们的实验用的词向量模型是Skip-gram，因此这里笔者只介绍Skip-gram模型。

Skip-gram是输入一个词，预测该词上下文的模型，如图4.54所示。

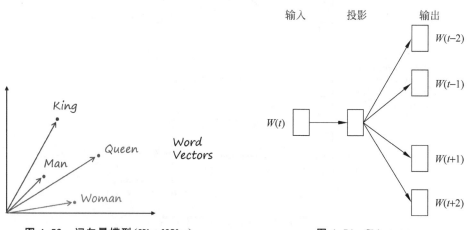

图 4.53　词向量模型（Word2Vec）　　　　图 4.54　Skip-gram

Skip-gram的具体训练过程如下，灰色代表输入的词，图4.55所示的方框代表滑动窗口，用来截取灰色词的上下文，灰色词的上下文作为输出，然后形成训练标本（Training samples），这样我们就得到了{输入和输出}，将它们放入{输入层-隐藏层-输出层}的神经网络训练，就能得到Skip-gram模型。因为神经网络不能直接处理文本，因此所有的词都用One-hot encode表示。

Skip-gram的神经网络结构如图4.56所示，隐藏层有300个神经元，输出层用softmax激励函数，通过我们提取的词与其相应的上下文去训练，得到相应的模型。输出层每个神经元输出的是概率，加起来等于1。

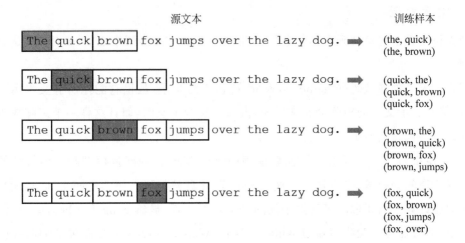

图 4.55 Skip-gram 训练数据生成过程

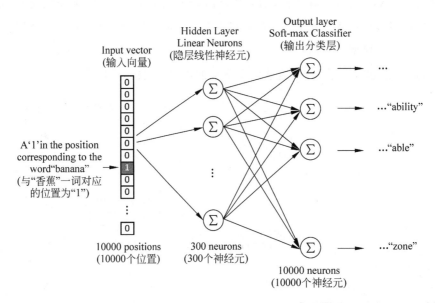

图 4.56 Skip-gram 网络结构

但输出层并不是我们关心的,去掉模型的输出层,才是我们想要的词向量模型,我们通过隐藏层的权重来表示我们的词。

如图 4.57 所示,假设我们有 10000 个词,每个词用 One-hot encode 编码,每个词的大小就是 1×10000,现在我们想用 300 个特征去表示一个词,那么隐藏层的输入是 10000,输出是 300(即 300 个神经元),因此它的权值矩阵大小为 10000×300,我们的词向量模型本质上就变成了矩阵相乘。

好了,讲到这,大家应该已经理解了词向量的原理,而且值得高兴的是,Keras 自带了词向量层 embedding layer,所以我们只要将文本处理好,灌入这个层中即可,后面的实验笔者会给大家细讲如何对文本进行预处理,生成符合 embedding layer 输入格式的词。

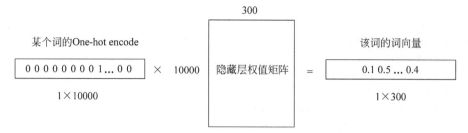

图 4.57　[1×10000]×[10000×300]=[1×300]矩阵相乘

2. 中文分词之 jieba 分词

中文文本处理比英文文本处理多一步,中文词与词之间并不是用"空格"分开的,计算机不能处理这么高度抽象的文字,所以我们得通过一个 Python 库例如 jieba 来将中文文本进行分词,然后用"空格"将词分开,形成类似英文那样的文本,方便计算机处理。jieba 分词示例图如图 4.58 所示。

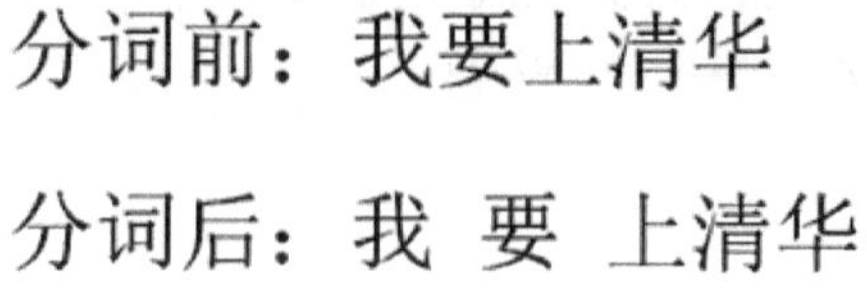

分词前:我要上清华

分词后:我　要　上清华

图 4.58　jieba 分词示例图

1. ＃ 打开操作系统的命令行,输入安装指令
2. pip install jieba

3. 实验流程

(1) 加载招聘数据集。

(2) 中文分词。

(3) 提取文本关键词。

(4) 建立 token 字典。

(5) 使用 token 字典将"文字"转化为"数字列表"。

(6) 截长补短让所有"数字列表"长度都是 50;保证每个文本都是同样的长度,避免不必要的错误。

(7) Embedding 层将"数字列表"转化为"向量列表"。

(8) 将向量列表送入深度学习模型进行训练。

(9) 保存模型与模型可视化。

(10) 模型的预测功能。

(11) 训练过程可视化。

4. 代码

```python
# chapter4/4_7_2_MLP_Text.ipynb
import pandas as pd
import jieba
import jieba.analyse as analyse
from keras.preprocessing.text import Tokenizer
from keras.preprocessing import sequence
from keras.models import Sequential
from keras.layers import Dense, Dropout, Activation, Flatten, MaxPool1D, Conv1D
from keras.layers.embeddings import Embedding
from keras.utils import multi_gpu_model
from keras.models import load_model
from keras import regularizers   # 正则化
import matplotlib.pyplot as plt
import numpy as np
from keras.utils import plot_model
from sklearn.model_selection import train_test_split
from keras.utils.np_utils import to_categorical
from sklearn.preprocessing import LabelEncoder
from keras.layers import BatchNormalization
```

1）加载数据

```python
job_detail_pd = pd.read_csv('job_detail_dataset.csv', encoding = 'UTF-8')
print(job_detail_pd.head(5))
label = list(job_detail_pd['PositionType'].unique())  # 标签
print(label)
```

```
  PositionType                                    Job_Description
0     项目管理      \r\n  岗位职责：    \r\n 1. 熟练使用 axure,visio,熟悉竞品分析,...
1     项目管理      \r\n  岗位职责：    \r\n 1. 熟练使用 axure,visio,熟悉竞品分析,...
2     移动开发      \r\n 岗位职责:\r\n 1. 负责安卓客户端应用的框架设计; \r\n 2. 负责安卓客...
3     移动开发      \r\n 现诚招资深 iOS 高级软件开发工程师一枚!【你的工作职责】1. 负责
iPhone 手...
4     后端开发      \r\n 岗位职责: \r\n 1. 基于海量交通信息数据的数据仓库建设、数据应用开发.
2. ...
['项目管理', '移动开发', '后端开发', '前端开发', '测试', '高端技术职位', '硬件开发', 'dba',
'运维', '企业软件']
```

```python
# 上标签
def label_dataset(row):
    num_label = label.index(row)        # 返回 label 列表对应值的索引
    return num_label

job_detail_pd['label'] = job_detail_pd['PositionType'].apply(label_dataset)
job_detail_pd = job_detail_pd.dropna()        # 删除空行
job_detail_pd.head(5)
```

	PositionType	Job_Description	label
0	项目管理	\r\n 岗位职责：\r\n 1．熟练使用 axure,visio，熟悉竞品分析，...	0
1	项目管理	\r\n 岗位职责：\r\n 1．熟练使用 axure,visio，熟悉竞品分析，...	0
2	移动开发	\r\n 岗位职责：\r\n 1.负责安卓客户端应用的框架设计；\r\n 2.负责安卓客...	1
3	移动开发	\r\n 现诚招资深iOS高级软件开发工程师一枚！【你的工作职责】1．负责iPhone手...	1
4	后端开发	\r\n 岗位职责：\r\n 1．基于海量交通信息数据的数据仓库建设、数据应用开发。2．...	2

```
# 中文分词
def chinese_word_cut(row):
    return " ".join(jieba.cut(row))

job_detail_pd['Job_Description_jieba_cut'] = job_detail_pd.Job_Description.apply(chinese_word_cut)
job_detail_pd.head(5)
```

	PositionType	Job_Description	label	Job_Description_jieba_cut
0	项目管理	\r\n 岗位职责：\r\n 1．熟练使用 axure,visio，熟悉竞品分析，...	0	\r\n 岗位职责：\r\n 1．熟练 使用 axure...
1	项目管理	\r\n 岗位职责：\r\n 1．熟练使用 axure,visio，熟悉竞品分析，...	0	\r\n 岗位职责：\r\n 1．熟练 使用 axure...
2	移动开发	\r\n 岗位职责：\r\n 1.负责安卓客户端应用的框架设计；\r\n 2.负责安卓客...	1	\r\n 岗位职责：\r\n 1．负责 安卓 客户 端 应用 的 框架 设...
3	移动开发	\r\n 现诚招资深iOS高级软件开发工程师一枚！【你的工作职责】1．负责iPhone手...	1	\r\n 现 诚招 资深 iOS 高级 软件 开发 工程师 一枚 ！【你的 工作...
4	后端开发	\r\n 岗位职责：\r\n 1．基于海量交通信息数据的数据仓库建设、数据应用开发。2．...	2	\r\n 岗位职责：\r\n 1．基于 海量 交通 信息 数据 的 数据...

```
# 提取关键词
def key_word_extract(texts):
    return " ".join(analyse.extract_tags(texts, topK = 50, withWeight = False, allowPOS = ()))
job_detail_pd['Job_Description_key_word'] = job_detail_pd.Job_Description.apply(key_word_extract)
```

	PositionType	Job_Description	label	Job_Description_jieba_cut	Job_Description_key_word
0	项目管理	\r\n 岗位职责：\r\n 1．熟练使用 axure,visio，熟悉竞品分析，...	0	\r\n 岗位职责：\r\n 1．熟练 使用 axure...	互联网 体验 用户 产品 优先 运营 熟悉 电商 axure visio 竞品 O2O 岗位...
1	项目管理	\r\n 岗位职责：\r\n 1．熟练使用 axure,visio，熟悉竞品分析，...	0	\r\n 岗位职责：\r\n 1．熟练 使用 axure...	互联网 体验 用户 产品 优先 运营 熟悉 电商 axure visio 竞品 O2O 岗位...
2	移动开发	\r\n 岗位职责：\r\n 1.负责安卓客户端应用的框架设计；\r\n 2.负责安卓客...	1	\r\n 岗位职责：\r\n 1．负责 安卓 客户 端 应用 的 框架 设...	Android 安卓 java 客户端 能力 编程 具备 应用 良好 开发 优先 测试 人员...
3	移动开发	\r\n 现诚招资深iOS高级软件开发工程师一枚！【你的工作职责】1．负责iPhone手...	1	\r\n 现 诚招 资深 iOS 高级 软件 开发 工程师 一枚 ！【你的 工作...	iOS 开发 应用 技术 素质 用户 适配 平台 iPhone iPad 专业 本科 编写 程序...
4	后端开发	\r\n 岗位职责：\r\n 1．基于海量交通信息数据的数据仓库建设、数据应用开发。2．...	2	\r\n 岗位职责：\r\n 1．基于 海量 交通 信息 数据 的 数据...	数据仓库 Hadoop Hive Hbase 开发 数据 优先 交通 经验 应用 相关 智能...

```
# 建立 2000 个词的字典
token = Tokenizer(num_words = 2000)
token.fit_on_texts(job_detail_pd['Job_Description_key_word'])
#按单词出现次数排序,排序前 2000 的单词会列入词典中

#使用 token 字典将"文字"转化为"数字列表"
Job_Description_Seq = token.texts_to_sequences(job_detail_pd['Job_Description_key_word'])
```

```
 7.
 8.   #截长补短让所有"数字列表"长度都是50
 9.   Job_Description_Seq_Padding = sequence.pad_sequences(Job_Description_Seq, maxlen = 50)
10.   x_train = Job_Description_Seq_Padding
11.   y_train = job_detail_pd['label'].tolist()
```

2) 开始训练

```
 1.   batch_size = 256
 2.   epochs = 5
 3.   model = Sequential()
 4.   model.add(Embedding(output_dim = 32,              # 词向量的维度
 5.                       input_dim = 2000,             # 字典大小(Size of the vocabulary)
 6.                       input_length = 50             # 每个数字列表的长度
 7.                       )
 8.             )
 9.
10.   model.add(Dropout(0.2))
11.   model.add(Flatten())                              # 平展
12.   model.add(Dense(units = 256,
13.                   activation = "relu"))
14.   model.add(Dropout(0.25))
15.   model.add(Dense(units = 10,
16.                   activation = "softmax"))
17.
18.   print(model.summary())   # 打印模型
19.   # CPU 版本
20.   model.compile(loss = "sparse_categorical_crossentropy",   # 多分类
21.                 optimizer = "adam",
22.                 metrics = ["accuracy"]
23.                 )
24.
25.   history = model.fit(
26.           x_train,
27.           y_train,
28.           batch_size = batch_size,
29.           epochs = epochs,
30.           verbose = 2,
31.           validation_split = 0.2              # 训练集的20%用作验证集
32.           )
```

```
_____
Layer (type)                 Output Shape              Param #
=================================================================
embedding_3 (Embedding)      (None, 50, 32)            64000
dropout_5 (Dropout)          (None, 50, 32)            0
flatten_3 (Flatten)          (None, 1600)              0
```

```
dense_5 (Dense)              (None, 256)              409856
dropout_6 (Dropout)          (None, 256)              0
dense_6 (Dense)              (None, 10)               2570
=================================================================
Total params: 476,426
Trainable params: 476,426
Non-trainable params: 0
_____
None
Train on 35864 samples, validate on 8967 samples
Epoch 1/5
 - 3s - loss: 1.1821 - acc: 0.6323 - val_loss: 0.7315 - val_acc: 0.7871
Epoch 2/5
 - 2s - loss: 0.5217 - acc: 0.8489 - val_loss: 0.6639 - val_acc: 0.8134
Epoch 3/5
 - 2s - loss: 0.3499 - acc: 0.9008 - val_loss: 0.6976 - val_acc: 0.8084
Epoch 4/5
 - 2s - loss: 0.2322 - acc: 0.9348 - val_loss: 0.7662 - val_acc: 0.8024
Epoch 5/5
 - 2s - loss: 0.1575 - acc: 0.9570 - val_loss: 0.8361 - val_acc: 0.7915
```

3）保存模型

1. **from** keras.utils **import** plot_model
2. #保存模型
3. model.save('model_MLP_text.h5')   # 生成模型文件 'my_model.h5'
4. #模型可视化
5. plot_model(model, to_file = 'model_MLP_text.png', show_shapes = True)

4）模型的预测功能

1. **from** keras.models **import** load_model
2. #加载模型
3. # model = load_model('model_MLP_text.h5')
4. **print**(x_train[0])
5. y_new = model.predict(x_train[0].reshape(1, 50))
6. **print**(list(y_new[0]).index(max(y_new[0])))
7. **print**(y_train[0])

```
[   0    0    0    0    0    0    0    0    0    0   66  135  104   29
    4  265    1  200 1842 1170  624    6    2  236  156   62  131   63
   20  153   16   45  863  912   89   38  137  528  353 1691  449  892
    7   30   67  127   41   34   53  205]
0
0
```

5）训练过程可视化

1. **import** matplotlib.pyplot as plt

```
 2.  # 绘制训练 & 验证的准确率值
 3.  plt.plot(history.history['acc'])
 4.  plt.plot(history.history['val_acc'])
 5.  plt.title('Model accuracy')
 6.  plt.ylabel('Accuracy')
 7.  plt.xlabel('Epoch')
 8.  plt.legend(['Train', 'Valid'], loc = 'upper left')
 9.  plt.savefig('Valid_acc.png')
10.  plt.show()
11.
12.  # 绘制训练 & 验证的损失值
13.  plt.plot(history.history['loss'])
14.  plt.plot(history.history['val_loss'])
15.  plt.title('Model loss')
16.  plt.ylabel('Loss')
17.  plt.xlabel('Epoch')
18.  plt.legend(['Train', 'Valid'], loc = 'upper left')
19.  plt.savefig('Valid_loss.png')
20.  plt.show()
```

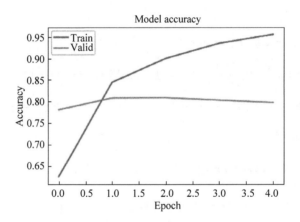

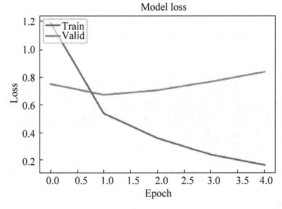

5. 结果分析

在迭代了 1 个 Epoch 之后,验证集的 Loss 和 Accuracy 趋于平稳,这时,我们得到的模型已经是最优的了,所以 Epoch 设置为 1 即可。

4.7.3 卷积神经网络之文本分类

视频讲解

4.7.2 节介绍了神经网络文本分类的招聘信息分类,并介绍了文本在进入神经网络前的预处理工作。本节分享的是卷积神经网络对招聘数据的分类,同样也要对文本进行预处理,所以还没了解文本预处理的读者,可以翻阅 4.7.2 节。

同样地,我们的招聘数据集也是和 4.7.2 节一样操作。

1. 实验流程

(1) 加载数据。

(2) 数据上标签。

(3) 中文分词。

(4) 提取文本关键词。

(5) 建立 token 字典。

(6) 使用 token 字典将"文字"转化为"数字列表"。

(7) 截长补短让所有"数字列表"长度都是 50:保证每个文本都是同样的长度,避免不必要的错误。

(8) Embedding 层将"数字列表"转化为"向量列表"。

(9) 将向量列表送入深度学习模型(CNN)进行训练。

(10) 保存模型与模型可视化。

(11) 模型的预测功能。

(12) 训练过程可视化。

2. 代码

```
1.  # chapter4/4_7_3_CNN_text.ipynb
2.  import pandas as pd
3.  import jieba
4.  import jieba.analyse as analyse
5.  from keras.preprocessing.text import Tokenizer
6.  from keras.preprocessing import sequence
7.  from keras.models import Sequential
8.  from keras.layers import Dense, Dropout, Activation, Flatten, MaxPool1D, Conv1D
9.  from keras.layers.embeddings import Embedding
10. from keras.utils import multi_gpu_model
11. from keras.models import load_model
12. from keras import regularizers   # 正则化
```

```
13.  import matplotlib.pyplot as plt
14.  import numpy as np
15.  from keras.utils import plot_model
16.  from sklearn.model_selection import train_test_split
17.  from keras.utils.np_utils import to_categorical
18.  from sklearn.preprocessing import LabelEncoder
19.  from keras.layers import BatchNormalization
```

1) 加载数据

```
1.  job_detail_pd = pd.read_csv('job_detail_dataset.csv', encoding = 'UTF-8')
2.  label = list(job_detail_pd['PositionType'].unique())  # 标签
3.  print(label)
4.
5.  # 上标签
6.  def label_dataset(row):
7.      num_label = label.index(row)
8.      return num_label
9.
10. job_detail_pd['label'] = job_detail_pd['PositionType'].apply(label_dataset)
11. job_detail_pd = job_detail_pd.dropna()            # 删除空行
12. job_detail_pd.head(5)
```

	PositionType	Job_Description	label
0	项目管理	\r\n 岗位职责：\r\n 1. 熟练使用 axure,visio，熟悉竞品分析，...	0
1	项目管理	\r\n 岗位职责：\r\n 1. 熟练使用 axure,visio，熟悉竞品分析，...	0
2	移动开发	\r\n 岗位职责：\r\n 1.负责安卓客户端应用的框架设计；\r\n 2.负责安卓客...	1
3	移动开发	\r\n 现诚招资深iOS高级软件开发工程师一枚！【你的工作职责】1. 负责iPhone手...	1
4	后端开发	\r\n 岗位职责：\r\n 1. 基于海量交通信息数据的数据仓库建设、数据应用开发。2. ...	2

```
1.  # 中文分词
2.  def chinese_word_cut(row):
3.      return " ".join(jieba.cut(row))
4.  job_detail_pd['Job_Description_jieba_cut'] = job_detail_pd.Job_Description.apply(chinese_word_cut)
5.
6.  # 提取关键词
7.  def key_word_extract(texts):
8.      return " ".join(analyse.extract_tags(texts, topK = 50, withWeight = False, allowPOS = ()))
9.  job_detail_pd['Job_Description_key_word'] = job_detail_pd.Job_Description.apply(key_word_extract)
```

2) 训练

```
1.  # 建立 2000 个词的字典
2.  token = Tokenizer(num_words = 2000)
```

```
  3.  token.fit_on_texts(job_detail_pd['Job_Description_key_word'])
      # 按单词出现次数排序,排序前 2000 的单词会列入词典中
  4.
  5.  # 使用 token 字典将"文字"转化为"数字列表"
  6.  Job_Description_Seq = token.texts_to_sequences(job_detail_pd['Job_Description_key_word'])
  7.
  8.  # 截长补短让所有"数字列表"长度都是 50
  9.  Job_Description_Seq_Padding = sequence.pad_sequences(Job_Description_Seq, maxlen = 50)
 10.
 11.  x_train = Job_Description_Seq_Padding
 12.  y_train = job_detail_pd['label'].tolist()
```

3）开始训练 CNN

```
  1.  model = Sequential()
  2.  model.add(Embedding(output_dim = 32,       # 词向量的维度
  3.                      input_dim = 2000,       # 字典大小(Size of the vocabulary)
  4.                      input_length = 50       # 每个数字列表的长度
  5.                      )
  6.            )
  7.
  8.  model.add(Conv1D(256,                       # 输出大小
  9.                   3,                         # 卷积核大小
 10.                   padding = 'same',
 11.                   activation = 'relu'))
 12.  model.add(MaxPool1D(3,3,padding = 'same'))
 13.  model.add(Conv1D(32, 3, padding = 'same', activation = 'relu'))
 14.  model.add(Flatten())
 15.  model.add(Dropout(0.3))
 16.  model.add(BatchNormalization())             # (批)规范化层
 17.  model.add(Dense(256,activation = 'relu'))
 18.  model.add(Dropout(0.2))
 19.  model.add(Dense(units = 10,
 20.                  activation = "softmax"))
 21.
 22.  batch_size = 256
 23.  epochs = 5
 24.
 25.  # 单 GPU 版本
 26.  model.summary()                             # 可视化模型
 27.  model.compile(loss = "sparse_categorical_crossentropy",   # 多分类
 28.                optimizer = "adam",
 29.                metrics = ["accuracy"])
 30.
 31.  history = model.fit(
 32.           x_train,
 33.           y_train,
```

```
34.             batch_size = batch_size,
35.             epochs = epochs,
36.             validation_split = 0.2
37.             # 训练集的 20% 用作验证集
38.         )
```

```
_____
Layer (type)                 Output Shape              Param #
=================================================================
embedding_6 (Embedding)      (None, 50, 32)            64000
conv1d_11 (Conv1D)           (None, 50, 64)            6208
max_pooling1d_6 (MaxPooling1 (None, 17, 64)            0
conv1d_12 (Conv1D)           (None, 17, 32)            6176
flatten_6 (Flatten)          (None, 544)               0
dropout_11 (Dropout)         (None, 544)               0
batch_normalization_6 (Batch (None, 544)               2176
dense_11 (Dense)             (None, 256)               139520
dropout_12 (Dropout)         (None, 256)               0
dense_12 (Dense)             (None, 10)                2570
=================================================================
Total params: 220,650
Trainable params: 219,562
Non-trainable params: 1,088
_____
Train on 35864 samples, validate on 8967 samples
Epoch 1/5
35864/35864 [==============================] - 8s 210us/step - loss: 1.0548 - acc: 0.6730 - val_loss: 0.7350 - val_acc: 0.7898
Epoch 2/5
35864/35864 [==============================] - 5s 142us/step - loss: 0.5228 - acc: 0.8443 - val_loss: 0.7279 - val_acc: 0.7926
Epoch 3/5
35864/35864 [==============================] - 5s 141us/step - loss: 0.3745 - acc: 0.8873 - val_loss: 0.7519 - val_acc: 0.7969
Epoch 4/5
35864/35864 [==============================] - 5s 142us/step - loss: 0.2744 - acc: 0.9158 - val_loss: 0.8325 - val_acc: 0.7811
Epoch 5/5
35864/35864 [==============================] - 5s 142us/step - loss: 0.2108 - acc: 0.9331 - val_loss: 0.9107 - val_acc: 0.7971
```

4）保存模型

```
1.  from keras.utils import plot_model
2.  # 保存模型
```

3. model.save('model_CNN_text.h5')　# 生成模型文件 'my_model.h5'
4. # 模型可视化
5. plot_model(model, to_file = 'model_CNN_text.png', show_shapes = True)

5）模型的预测功能

1. **from** keras.models **import** load_model
2. # 加载模型
3. # model = load_model('model_CNN_text.h5')
4. **print**(x_train[0])
5. y_new = model.predict(x_train[0].reshape(1, 50))
6. **print**(list(y_new[0]).index(max(y_new[0])))
7. **print**(y_train[0])

```
[   0    0    0    0    0    0    0    0    0    0   66  135  104   29
    4  265    1  200 1842 1170  624    6    2  236  156   62  131   63
   20  153   16   45  863  912   89   38  137  528  353 1691  449  892
    7   30   67  127   41   34   53  205]
0
0
```

6）训练过程可视化

1. **import** matplotlib.pyplot as plt
2. # 绘制训练 & 验证的准确率值
3. plt.plot(history.history['acc'])
4. plt.plot(history.history['val_acc'])
5. plt.title('Model accuracy')
6. plt.ylabel('Accuracy')
7. plt.xlabel('Epoch')
8. plt.legend(['Train', 'Valid'], loc = 'upper left')
9. plt.savefig('Valid_acc.png')
10. plt.show()
11.
12. # 绘制训练 & 验证的损失值
13. plt.plot(history.history['loss'])
14. plt.plot(history.history['val_loss'])
15. plt.title('Model loss')
16. plt.ylabel('Loss')
17. plt.xlabel('Epoch')
18. plt.legend(['Train', 'Valid'], loc = 'upper left')
19. plt.savefig('Valid_loss.png')
20. plt.show()

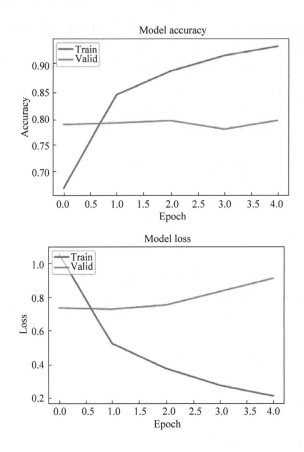

3. 结果分析

在迭代了 1 个 Epoch 之后，验证集的 Loss 和 Accuracy 趋于平稳，这时，我们得到的模型已经是最优的了，所以 Epoch 设置为 1 即可。

4.7.4 卷积神经网络之图像分类

视频讲解

4.7.3 节介绍了卷积神经网络的文本分类，并介绍了文本在进入神经网络前的预处理工作。本节分享的是用卷积神经网络对图像数据分类，不可避免同样需要对图像数据进行预处理。

1. 数据集

我们基于 fashion MNIST 数据的图像分类去做实验。2017 年 8 月，德国研究机构 Zalando Research 在 GitHub 上推出了一个全新的数据集，其中训练集包含 60000 个样例，测试集包含 10000 个样例，分为 10 类，每一类的样本训练样本数量和测试样本数量相同。样本都来自日常穿的衣、裤、鞋，每个都是 28×28 的灰度图像，其中总共有 10 类标签，每张图像都有各自的标签。fashion MNIST 数据集如图 4.59 所示。

使用这个数据集的目的是让大家了解整个图像分类的处理流程，即如何将图像数据转换成计算机能够读懂的格式,并灌入神经网络模型中训练,最后得到我们想要的分类结果。

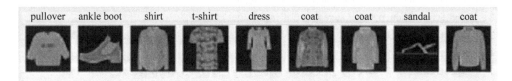

图 4.59　fashion MNIST 数据集

那为什么不用 Keras 自带的数据集呢?因为如果我们单纯用 Keras 自带的数据集如 Cifar-10,虽然这些数据集都是已经被处理好的了,我们直接调用即可,但是这样大家的知识体系就少了预处理的过程,而且后面的迁移学习做图像分类,我们同样也是用 fashion MNIST 这个数据集,确保大家都对整体的图像分类流程有明确的思路。

图像预处理相对文本预处理要简单一些,只需要用 Python 将数据读入,然后将其转换成同样大小的矩阵格式即可,再对矩阵进行归一化,这样就可以被神经网络所读入。这些操作均在后面代码中体现。

这里还需要讲的是 Keras 的图像生成器 ImageDataGenerator。这个生成器有很多操作如翻转、旋转和缩放等,目的是生成更多且不一样的图像数据,这样我们得到的训练模型泛化性更好,从而得到的模型更准确。

```
1.  datagen = ImageDataGenerator(
2.          featurewise_center = False,              # 将数据集上的输入均值设置为 0
3.          samplewise_center = False,               # 将每个样本均值设置为 0
4.          featurewise_std_normalization = False,   # 将输入除以数据集的 std
5.          samplewise_std_normalization = False,    # 将每个输入除以其 std
6.          zca_whitening = False,                   # 使用 ZCA 白化
7.          zca_epsilon = 1e - 06,                   # 使用 ZCA 白化的 epsilon
8.          rotation_range = 0,
9.          validation_split = 0.0)
```

上面就是图像增强的核心代码,这只是对图像的一部分操作,更多的操作我们可以通过官网查询,每个参数的意思在官网已经有详细描述,因此笔者不再赘述。这里笔者给大家附上链接,https://keras.io/zh/preprocessing/image/。

2. 实验流程

(1) 加载图像数据。

(2) 图像数据预处理。

(3) 训练模型。

(4) 保存模型与模型可视化。

(5) 训练过程可视化。

3. 代码

```
1.  # chapter4/4_7_4_Tradition_cnn_image.ipynb
2.  from tensorflow.python.keras.utils import get_file
3.  import gzip
4.  import numpy as np
5.  import keras
6.  from keras.preprocessing.image import ImageDataGenerator
7.  from keras.models import Sequential
8.  from keras.layers import Dense, Dropout, Activation, Flatten
9.  from keras.layers import Conv2D, MaxPooling2D
10. import os
11. import functools
12. # os.environ["CUDA_VISIBLE_DEVICES"] = "2"    # 使用第 3 块显卡
```

1）读取数据与数据预处理

```
1.  # 数据集和代码放一起即可
2.  def load_data():
3.      paths = [
4.          'train-labels-idx1-ubyte.gz', 'train-images-idx3-ubyte.gz',
5.          't10k-labels-idx1-ubyte.gz', 't10k-images-idx3-ubyte.gz'
6.      ]
7.
8.      with gzip.open(paths[0], 'rb') as lbpath:
9.          y_train = np.frombuffer(lbpath.read(), np.uint8, offset=8)
10.
11.     with gzip.open(paths[1], 'rb') as imgpath:
12.         x_train = np.frombuffer(
13.             imgpath.read(), np.uint8, offset=16).reshape(len(y_train), 28, 28, 1)
14.
15.     with gzip.open(paths[2], 'rb') as lbpath:
16.         y_test = np.frombuffer(lbpath.read(), np.uint8, offset=8)
17.
18.     with gzip.open(paths[3], 'rb') as imgpath:
19.         x_test = np.frombuffer(
20.             imgpath.read(), np.uint8, offset=16).reshape(len(y_test), 28, 28, 1)
21.     return (x_train, y_train), (x_test, y_test)
22. (x_train, y_train), (x_test, y_test) = load_data()
23.
24. batch_size = 32
25. num_classes = 10
26. epochs = 5
27. data_augmentation = True                        # 图像增强
28. num_predictions = 20
```

```
29. save_dir = os.path.join(os.getcwd(),'saved_models_cnn')
30. model_name = 'keras_fashion_trained_model.h5'
31.
32. # 将类别转换成独热编码
33. y_train = keras.utils.to_categorical(y_train, num_classes)
34. y_test = keras.utils.to_categorical(y_test, num_classes)
35.
36. x_train = x_train.astype('float32')
37. x_test = x_test.astype('float32')
38.
39. x_train /= 255                                      # 归一化
40. x_test /= 255                                       # 归一化
```

2) 搭建传统 CNN 模型

```
1.  model = Sequential()
2.  model.add(Conv2D(32, (3, 3), padding = 'same',
3.  # 32,(3,3)是卷积核数量和大小
4.                  input_shape = x_train.shape[1:]))
5.  # 第1层需要指出图像的大小
6.  model.add(Activation('relu'))
7.  model.add(Conv2D(32, (3, 3)))
8.  model.add(Activation('relu'))
9.  model.add(MaxPooling2D(pool_size = (2, 2)))
10. model.add(Dropout(0.25))
11.
12. model.add(Conv2D(64, (3, 3), padding = 'same'))
13. model.add(Activation('relu'))
14. model.add(Conv2D(64, (3, 3)))
15. model.add(Activation('relu'))
16. model.add(MaxPooling2D(pool_size = (2, 2)))
17. model.add(Dropout(0.25))
18.
19. model.add(Flatten())
20. model.add(Dense(512))
21. model.add(Activation('relu'))
22. model.add(Dropout(0.5))
23. model.add(Dense(num_classes))
24. model.add(Activation('softmax'))
25.
26. # 初始化 RMSprop 优化器
27. opt = keras.optimizers.rmsprop(lr = 0.0001, decay = 1e-6)
28.
29. # 使用 RMSprop 优化器
30. model.compile(loss = 'categorical_crossentropy',
```

```
31.              optimizer = opt,
32.              metrics = ['accuracy'])
```

3）训练

```
1.  if not data_augmentation:
2.      print('Not using data augmentation.')
3.      history = model.fit(x_train, y_train,
4.              batch_size = batch_size,
5.              epochs = epochs,
6.              validation_data = (x_test, y_test),
7.              shuffle = True)
8.  else:
9.      print('Using real-time data augmentation.')
10.     # 数据预处理与实时数据增强
11.     datagen = ImageDataGenerator(
12.         featurewise_center = False,
13.         samplewise_center = False,
14.         featurewise_std_normalization = False,
15.         samplewise_std_normalization = False,
16.         zca_whitening = False,
17.         zca_epsilon = 1e-06,
18.         rotation_range = 0,
19.         width_shift_range = 0.1,
20.         height_shift_range = 0.1,
21.         shear_range = 0.,
22.         zoom_range = 0.,
23.         channel_shift_range = 0.,
24.         fill_mode = 'nearest',
25.         cval = 0.,
26.         horizontal_flip = True,
27.         vertical_flip = False,
28.         rescale = None,
29.         preprocessing_function = None,
30.         data_format = None,
31.         validation_split = 0.0)
32.
33.
34.     datagen.fit(x_train)
35.     print(x_train.shape[0]//batch_size)        # 取整
36.     print(x_train.shape[0]/batch_size)         # 保留小数
37.     # 拟合模型
38.     history = model.fit_generator(datagen.flow(x_train, y_train,
39.     # 按 batch_size 大小从 x,y 生成增强数据
```

```
40.                        batch_size = batch_size),
41.    # flow_from_directory()从路径生成增强数据,和flow方法相比其最大的优点在于不用
42.    # 一次将所有的数据读入内存当中,这样减小内存压力,不会发生OOM
43.                        epochs = epochs,
44.                        steps_per_epoch = x_train.shape[0]//batch_size,
45.                        validation_data = (x_test, y_test),
46.                        workers = 10
47.    # 在使用基于进程的线程时,最多需要启动的进程数量
48.                        )
```

```
Using real-time data augmentation.
1875
1875.0
Epoch 1/5
1875/1875 [==============================] - 187s 100ms/step - loss: 0.9836 -
acc: 0.6374 - val_loss: 0.6204 - val_acc: 0.7603
Epoch 2/5
1875/1875 [==============================] - 186s 99ms/step - loss: 0.6752 -
acc: 0.7419 - val_loss: 0.5404 - val_acc: 0.7965
Epoch 3/5
1875/1875 [==============================] - 205s 109ms/step - loss: 0.5921 -
acc: 0.7764 - val_loss: 0.4921 - val_acc: 0.8159
Epoch 4/5
1875/1875 [==============================] - 193s 103ms/step - loss: 0.5368 -
acc: 0.8000 - val_loss: 0.4262 - val_acc: 0.8440
Epoch 5/5
1875/1875 [==============================] - 194s 104ms/step - loss: 0.4958 -
acc: 0.8145 - val_loss: 0.4366 - val_acc: 0.8448
```

4) 模型可视化与保存模型

```
1. model.summary()
2. # 保存模型
3. if not os.path.isdir(save_dir):
4.     os.makedirs(save_dir)
5. model_path = os.path.join(save_dir, model_name)
6. model.save(model_path)
7. print('Saved trained model at %s ' % model_path)
```

Layer (type)	Output Shape	Param #
conv2d_5 (Conv2D)	(None, 28, 28, 32)	320
activation_7 (Activation)	(None, 28, 28, 32)	0
conv2d_6 (Conv2D)	(None, 26, 26, 32)	9248
activation_8 (Activation)	(None, 26, 26, 32)	0
max_pooling2d_3 (MaxPooling2)	(None, 13, 13, 32)	0

```
dropout_4 (Dropout)           (None, 13, 13, 32)     0
conv2d_7 (Conv2D)             (None, 13, 13, 64)     18496
activation_9 (Activation)     (None, 13, 13, 64)     0
conv2d_8 (Conv2D)             (None, 11, 11, 64)     36928
activation_10 (Activation)    (None, 11, 11, 64)     0
max_pooling2d_4 (MaxPooling2) (None, 5, 5, 64)       0
dropout_5 (Dropout)           (None, 5, 5, 64)       0
flatten_2 (Flatten)           (None, 1600)           0
dense_3 (Dense)               (None, 512)            819712
activation_11 (Activation)    (None, 512)            0
dropout_6 (Dropout)           (None, 512)            0
dense_4 (Dense)               (None, 10)             5130
activation_12 (Activation)    (None, 10)             0
=================================================================
Total params: 889,834
Trainable params: 889,834
Non-trainable params: 0
_____
Saved trained model at /home/student/ChileWang/machine_learning_homework/question_one/saved_models_cnn/keras_fashion_trained_model.h5
```

5) 训练过程可视化

1. **import** matplotlib.pyplot as plt
2. # 绘制训练 & 验证的准确率值
3. plt.plot(history.history['acc'])
4. plt.plot(history.history['val_acc'])
5. plt.title('Model accuracy')
6. plt.ylabel('Accuracy')
7. plt.xlabel('Epoch')
8. plt.legend(['Train', 'Valid'], loc = 'upper left')
9. plt.savefig('tradition_cnn_valid_acc.png')
10. plt.show()
11.
12. # 绘制训练 & 验证的损失值
13. plt.plot(history.history['loss'])
14. plt.plot(history.history['val_loss'])
15. plt.title('Model loss')
16. plt.ylabel('Loss')
17. plt.xlabel('Epoch')
18. plt.legend(['Train', 'Valid'], loc = 'upper left')
19. plt.savefig('tradition_cnn_valid_loss.png')
20. plt.show()

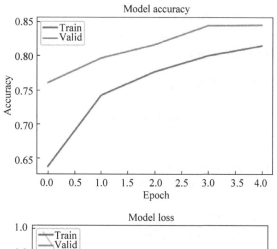

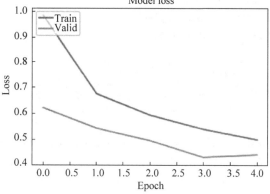

4. 结果分析

这里只跑了 5 个 Epoch，结果还在呈现上升趋势，说明我们可以将 Epoch 设置得大一些，得到的模型会更加准确，大家可以尝试对其进行调参。

4.7.5 自编码器

本节介绍如何利用手写体数据集实现 4 种自编码器[3]。

代码参考来源：https://github.com/nathanhubens/Autoencoders。

视频讲解

1. 单层自编码器

```
1. # /chapter4/4_7_5_AutoEncoder.ipynb
2. import keras
3. import numpy as np
4. import matplotlib.pyplot as plt
5. from keras.datasets import mnist
6. from keras.models import Model
7. from keras.layers import Input, add
8. from keras.layers.core import Layer, Dense, Dropout, Activation, Flatten, Reshape
```

```
 9. from keras import regularizers
10. from keras.regularizers import l2
11. from keras.layers.convolutional import Conv2D, MaxPooling2D, UpSampling2D, ZeroPadding2D
12. from keras.utils import np_utils
```

1）读取手写体数据及与图像预处理

```
1. (X_train, _), (X_test, _) = mnist.load_data()
2.
3. #归一化
4. X_train = X_train.astype("float32")/255.
5. X_test = X_test.astype("float32")/255.
6.
7. print('X_train shape:', X_train.shape)
8. print(X_train.shape[0], 'train samples')
9. print(X_test.shape[0], 'test samples')
```

```
X_train shape: (60000, 28, 28)
60000 train samples
10000 test samples
```

```
1. # np.prod将28×28矩阵转化成1×784,方便全连接神经网络输入层784个神经元读取
2. X_train = X_train.reshape((len(X_train), np.prod(X_train.shape[1:])))
3. X_test = X_test.reshape((len(X_test), np.prod(X_test.shape[1:])))
```

2）构建自编码器模型

```
 1. input_size = 784
 2. hidden_size = 64
 3. output_size = 784
 4.
 5. x = Input(shape = (input_size,))
 6. h = Dense(hidden_size, activation = 'relu')(x)
 7. r = Dense(output_size, activation = 'sigmoid')(h)
 8.
 9. autoencoder = Model(inputs = x, outputs = r)
10. autoencoder.compile(optimizer = 'adam', loss = 'mse')
```

3）训练

```
1. epochs = 5
2. batch_size = 128
3.
4. history = autoencoder.fit(X_train, X_train,
5.                           batch_size = batch_size,
6.                           epochs = epochs, verbose = 1,
7.                           validation_data = (X_test, X_test)
8.                          )
```

```
Train on 60000 samples, validate on 10000 samples
Epoch 1/5
60000/60000 [==============================] - 4s 61us/step - loss: 0.0446 - val
_loss: 0.0224
Epoch 2/5
60000/60000 [==============================] - 2s 38us/step - loss: 0.0174 - val
_loss: 0.0130
Epoch 3/5
60000/60000 [==============================] - 2s 39us/step - loss: 0.0110 - val
_loss: 0.0089
Epoch 4/5
60000/60000 [==============================] - 2s 39us/step - loss: 0.0080 - val
_loss: 0.0067
Epoch 5/5
60000/60000 [==============================] - 2s 39us/step - loss: 0.0064 - val
_loss: 0.0056
```

4)查看自编码器的压缩效果

```
1.   conv_encoder = Model(x, h)                    # 只取编码器做模型
2.   encoded_imgs = conv_encoder.predict(X_test)
3.
4.   # 打印 10 张测试集手写体的压缩效果
5.   n = 10
6.   plt.figure(figsize = (20, 8))
7.   for i in range(n):
8.       ax = plt.subplot(1, n, i + 1)
9.       plt.imshow(encoded_imgs[i].reshape(4, 16).T)
10.      plt.gray()
11.      ax.get_xaxis().set_visible(False)
12.      ax.get_yaxis().set_visible(False)
13.  plt.show()
```

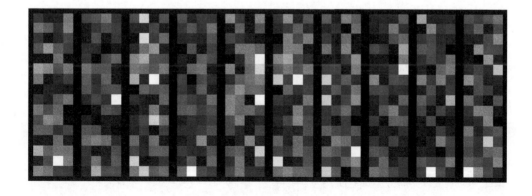

5）查看自编码器的解码效果

```
1.   decoded_imgs = autoencoder.predict(X_test)
2.   n = 10
3.   plt.figure(figsize = (20, 6))
4.   for i in range(n):
5.       # 打印原图
6.       ax = plt.subplot(3, n, i + 1)
7.       plt.imshow(X_test[i].reshape(28, 28))
8.       plt.gray()
9.       ax.get_xaxis().set_visible(False)
10.      ax.get_yaxis().set_visible(False)
11.
12.
13.      # 打印解码图
14.      ax = plt.subplot(3, n, i + n + 1)
15.      plt.imshow(decoded_imgs[i].reshape(28, 28))
16.      plt.gray()
17.      ax.get_xaxis().set_visible(False)
18.      ax.get_yaxis().set_visible(False)
19.
20.  plt.show()
```

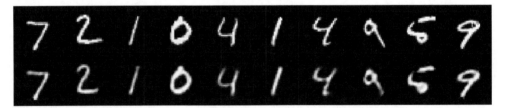

6）训练过程可视化

```
1.   print(history.history.keys())
2.
3.   plt.plot(history.history['loss'])
4.   plt.plot(history.history['val_loss'])
5.   plt.title('model loss')
6.   plt.ylabel('loss')
7.   plt.xlabel('epoch')
8.   plt.legend(['train', 'validation'], loc = 'upper right')
9.   plt.show()
```

```
dict_keys(['val_loss', 'loss'])
```

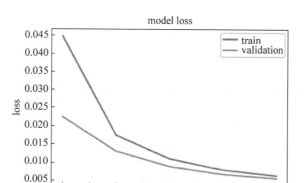

2. 多层自编码器

1) 多层自编码器建模

```
1.  input_size = 784
2.  hidden_size = 128
3.  code_size = 64
4.
5.  x = Input(shape = (input_size,))
6.  hidden_1 = Dense(hidden_size, activation = 'relu')(x)
7.  h = Dense(code_size, activation = 'relu')(hidden_1)
8.  hidden_2 = Dense(hidden_size, activation = 'relu')(h)
9.  r = Dense(input_size, activation = 'sigmoid')(hidden_2)
10.
11. autoencoder = Model(inputs = x, outputs = r)
12. autoencoder.compile(optimizer = 'adam', loss = 'mse')
```

2) 训练模型

```
1.  epochs = 5
2.  batch_size = 128
3.
4.  history = autoencoder.fit(X_train, X_train,
5.                            batch_size = batch_size,
6.                            epochs = epochs,
7.                            verbose = 1,
8.                            validation_data = (X_test, X_test))
```

```
Train on 60000 samples, validate on 10000 samples
Epoch 1/5
60000/60000 [==============================] - 6s 93us/step - loss: 0.0410 - val
_loss: 0.0196
Epoch 2/5
60000/60000 [==============================] - 4s 64us/step - loss: 0.0162 - val
_loss: 0.0133
```

```
Epoch 3/5
60000/60000 [==============================] - 4s 64us/step - loss: 0.0119 - val
_loss: 0.0103
Epoch 4/5
60000/60000 [==============================] - 4s 63us/step - loss: 0.0099 - val
_loss: 0.0088
Epoch 5/5
60000/60000 [==============================] - 4s 63us/step - loss: 0.0087 - val
_loss: 0.0081
```

3）查看编码效果

```
1.   conv_encoder = Model(x, h)              # 只取编码器做模型
2.   encoded_imgs = conv_encoder.predict(X_test)
3.
4.   # 打印10张测试集手写体的压缩效果
5.   n = 10
6.   plt.figure(figsize = (20, 8))
7.   for i in range(n):
8.       ax = plt.subplot(1, n, i + 1)
9.       plt.imshow(encoded_imgs[i].reshape(4, 16).T)
10.      plt.gray()
11.      ax.get_xaxis().set_visible(False)
12.      ax.get_yaxis().set_visible(False)
13.  plt.show()
```

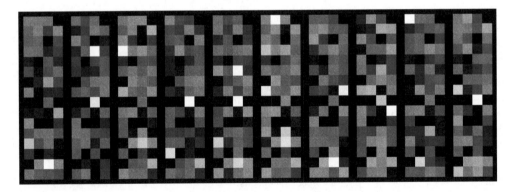

4）查看解码效果

```
1.   decoded_imgs = autoencoder.predict(X_test)
2.
3.   n = 10
4.   plt.figure(figsize = (20, 6))
5.   for i in range(n):
6.       # 原图
7.       ax = plt.subplot(3, n, i + 1)
8.       plt.imshow(X_test[i].reshape(28, 28))
```

```
9.    plt.gray()
10.   ax.get_xaxis().set_visible(False)
11.   ax.get_yaxis().set_visible(False)
12.
13.
14.   # 解码效果图
15.   ax = plt.subplot(3, n, i + n + 1)
16.   plt.imshow(decoded_imgs[i].reshape(28, 28))
17.   plt.gray()
18.   ax.get_xaxis().set_visible(False)
19.   ax.get_yaxis().set_visible(False)
20.
21. plt.show()
```

![decoded images]

5）训练过程可视化

```
1.  print(history.history.keys())
2.
3.  plt.plot(history.history['loss'])
4.  plt.plot(history.history['val_loss'])
5.  plt.title('model loss')
6.  plt.ylabel('loss')
7.  plt.xlabel('epoch')
8.  plt.legend(['train', 'validation'], loc = 'upper right')
9.  plt.show()
```

```
dict_keys(['val_loss', 'loss'])
```

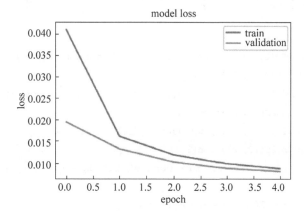

3. 卷积自编码器

1) 读取数据集

```
1.  nb_classes = 10                              # 10 类
2.
3.  (X_train, y_train), (X_test, y_test) = mnist.load_data()
4.
5.  X_train = X_train.reshape(X_train.shape[0], 28, 28, 1)
6.  X_test = X_test.reshape(X_test.shape[0], 28, 28, 1)
7.
8.  # 归一化
9.  X_train = X_train.astype("float32")/255.
10. X_test = X_test.astype("float32")/255.
11. print('X_train shape:', X_train.shape)
12. print(X_train.shape[0], 'train samples')
13. print(X_test.shape[0], 'test samples')
14.
15. y_train = np_utils.to_categorical(y_train, nb_classes)
16. y_test = np_utils.to_categorical(y_test, nb_classes)
```

2) 卷积自编码器建模

```
1.  x = Input(shape = (28, 28,1))
2.
3.  # 编码器
4.  conv1_1 = Conv2D(16, (3, 3), activation = 'relu', padding = 'same')(x)
5.  pool1 = MaxPooling2D((2, 2), padding = 'same')(conv1_1)
6.  conv1_2 = Conv2D(8, (3, 3), activation = 'relu', padding = 'same')(pool1)
7.  pool2 = MaxPooling2D((2, 2), padding = 'same')(conv1_2)
8.  conv1_3 = Conv2D(8, (3, 3), activation = 'relu', padding = 'same')(pool2)
9.  h = MaxPooling2D((2, 2), padding = 'same')(conv1_3)
10.
11.
12. # 解码器
13. conv2_1 = Conv2D(8, (3, 3), activation = 'relu', padding = 'same')(h)
14. up1 = UpSampling2D((2, 2))(conv2_1)
15. conv2_2 = Conv2D(8, (3, 3), activation = 'relu', padding = 'same')(up1)
16. up2 = UpSampling2D((2, 2))(conv2_2)
17. conv2_3 = Conv2D(16, (3, 3), activation = 'relu')(up2)
18. up3 = UpSampling2D((2, 2))(conv2_3)
19. r = Conv2D(1, (3, 3), activation = 'sigmoid', padding = 'same')(up3)
20.
21. autoencoder = Model(inputs = x, outputs = r)
22. autoencoder.compile(optimizer = 'adadelta', loss = 'binary_crossentropy')
```

3）训练

```
1.  epochs = 3
2.  batch_size = 128
3.
4.  history = autoencoder.fit(X_train, X_train,
5.                            batch_size = batch_size,
6.                            epochs = epochs, verbose = 1,
7.                            validation_data = (X_test, X_test)
8.                            )
```

```
Train on 60000 samples, validate on 10000 samples
Epoch 1/3
60000/60000 [==============================] - 65s 1ms/step - loss: 0.2138 - val
_loss: 0.1643
Epoch 2/3
60000/60000 [==============================] - 62s 1ms/step - loss: 0.1528 - val
_loss: 0.1448
Epoch 3/3
60000/60000 [==============================] - 62s 1ms/step - loss: 0.1385 - val
_loss: 0.1295
```

4）查看解码效果

```
1.  decoded_imgs = autoencoder.predict(X_test)
2.
3.  n = 10
4.  plt.figure(figsize = (20, 6))
5.  for i in range(n):
6.      # 原图
7.      ax = plt.subplot(3, n, i + 1)
8.      plt.imshow(X_test[i].reshape(28, 28))
9.      plt.gray()
10.     ax.get_xaxis().set_visible(False)
11.     ax.get_yaxis().set_visible(False)
12.
13.
14.     # 解码效果图
15.     ax = plt.subplot(3, n, i + n + 1)
16.     plt.imshow(decoded_imgs[i].reshape(28, 28))
17.     plt.gray()
18.     ax.get_xaxis().set_visible(False)
19.     ax.get_yaxis().set_visible(False)
20.
21. plt.show()
```

5）训练过程可视化

```
1.  print(history.history.keys())
2.
3.  plt.plot(history.history['loss'])
4.  plt.plot(history.history['val_loss'])
5.  plt.title('model loss')
6.  plt.ylabel('loss')
7.  plt.xlabel('epoch')
8.  plt.legend(['train', 'validation'], loc = 'upper right')
9.  plt.show()
```

```
dict_keys(['val_loss', 'loss'])
```

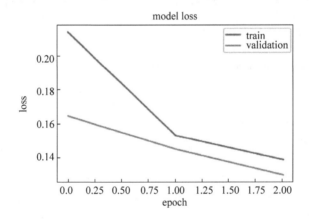

4. 稀疏正则自编码器

1）读取数据集

```
1.  (X_train, _), (X_test, _) = mnist.load_data()
2.
3.  # 归一化
4.  X_train = X_train.astype("float32")/255.
5.  X_test = X_test.astype("float32")/255.
6.
7.  print('X_train shape:', X_train.shape)
8.  print(X_train.shape[0], 'train samples')
```

```
9.  print(X_test.shape[0], 'test samples')
```

```
X_train shape: (60000, 28, 28)
60000 train samples
10000 test samples
```

```
1.  # np.prod 将 28×28 矩阵转化成 1×784,方便全连接神经网络输入层 784 个神经元读取
2.  X_train = X_train.reshape((len(X_train), np.prod(X_train.shape[1:])))
3.  X_test = X_test.reshape((len(X_test), np.prod(X_test.shape[1:])))
```

2)稀疏正则自编码器建模

```
1.  input_size = 784
2.  hidden_size = 32
3.  output_size = 784
4.
5.  x = Input(shape = (input_size,))
6.  h = Dense(hidden_size, activation = 'relu', activity_regularizer = regularizers.l1(10e-5))(x)
7.  r = Dense(output_size, activation = 'sigmoid')(h)
8.
9.  autoencoder = Model(inputs = x, outputs = r)
10. autoencoder.compile(optimizer = 'adam', loss = 'mse')
```

3)训练

```
1.  epochs = 15
2.  batch_size = 128
3.
4.  history = autoencoder.fit(X_train, X_train,
5.                            batch_size = batch_size,
6.                            epochs = epochs,
7.                            verbose = 1,
8.                            validation_data = (X_test, X_test)
9.                            )
```

```
Train on 60000 samples, validate on 10000 samples
Epoch 1/15
60000/60000 [==============================] - 4s 65us/step - loss: 0.1948 - val_loss: 0.1632
Epoch 2/15
60000/60000 [==============================] - 2s 39us/step - loss: 0.1416 - val_loss: 0.1242
Epoch 3/15
60000/60000 [==============================] - 2s 39us/step - loss: 0.1120 - val_loss: 0.1025
Epoch 4/15
```

```
60000/60000 [==============================] - 2s 38us/step - loss: 0.0954 - val
_loss: 0.0901
Epoch 5/15
60000/60000 [==============================] - 2s 39us/step - loss: 0.0857 - val
_loss: 0.0826
Epoch 6/15
60000/60000 [==============================] - 2s 38us/step - loss: 0.0798 - val
_loss: 0.0780
Epoch 7/15
60000/60000 [==============================] - 2s 38us/step - loss: 0.0760 - val
_loss: 0.0749
Epoch 8/15
60000/60000 [==============================] - 2s 38us/step - loss: 0.0735 - val
_loss: 0.0729
Epoch 9/15
60000/60000 [==============================] - 2s 38us/step - loss: 0.0718 - val
_loss: 0.0714
Epoch 10/15
60000/60000 [==============================] - 2s 38us/step - loss: 0.0706 - val
_loss: 0.0704
Epoch 11/15
60000/60000 [==============================] - 2s 39us/step - loss: 0.0698 - val
_loss: 0.0697
Epoch 12/15
60000/60000 [==============================] - 2s 39us/step - loss: 0.0692 - val
_loss: 0.0691
Epoch 13/15
60000/60000 [==============================] - 2s 39us/step - loss: 0.0687 - val
_loss: 0.0688
Epoch 14/15
60000/60000 [==============================] - 2s 39us/step - loss: 0.0684 - val
_loss: 0.0684
Epoch 15/15
60000/60000 [==============================] - 2s 40us/step - loss: 0.0681 - val
_loss: 0.0682
```

4）查看解码效果

```
1.  n = 10
2.  plt.figure(figsize = (20, 6))
3.  for i in range(n):
4.      # 原图
5.      ax = plt.subplot(3, n, i + 1)
6.      plt.imshow(X_test[i].reshape(28, 28))
7.      plt.gray()
8.      ax.get_xaxis().set_visible(False)
```

```
9.     ax.get_yaxis().set_visible(False)
10.
11.
12.    # 解码效果图
13.    ax = plt.subplot(3, n, i + n + 1)
14.    plt.imshow(decoded_imgs[i].reshape(28, 28))
15.    plt.gray()
16.    ax.get_xaxis().set_visible(False)
17.    ax.get_yaxis().set_visible(False)
18.
19. plt.show()
```

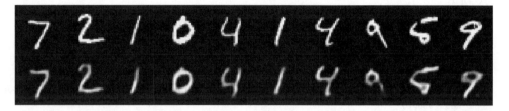

5）训练过程可视化

```
1. print(history.history.keys())
2.
3. plt.plot(history.history['loss'])
4. plt.plot(history.history['val_loss'])
5. plt.title('model loss')
6. plt.ylabel('loss')
7. plt.xlabel('epoch')
8. plt.legend(['train', 'validation'], loc = 'upper right')
9. plt.show()
```

dict_keys(['val_loss', 'loss'])

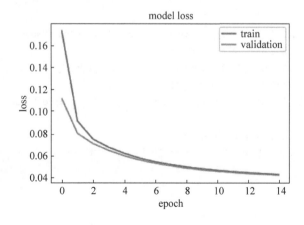

5. 去噪自编码器

1) 读取数据集

```
1.  (X_train, _), (X_test, _) = mnist.load_data()
2.
3.  X_train = X_train.reshape(X_train.shape[0], 28, 28, 1)
4.  X_test = X_test.reshape(X_test.shape[0], 28, 28, 1)
5.
6.  X_train = X_train.astype("float32")/255.
7.  X_test = X_test.astype("float32")/255.
```

2) 加噪

```
1.  noise_factor = 0.5
2.  X_train_noisy = X_train + noise_factor * np.random.normal(loc = 0.0, scale = 1.0, size
    = X_train.shape)
3.  X_test_noisy = X_test + noise_factor * np.random.normal(loc = 0.0, scale = 1.0, size = X
    _test.shape)
4.
5.  X_train_noisy = np.clip(X_train_noisy, 0., 1.)
6.  X_test_noisy = np.clip(X_test_noisy, 0., 1.)
```

3) 去噪自编码器建模

```
1.  x = Input(shape = (28, 28, 1))
2.
3.  # 编码器
4.  conv1_1 = Conv2D(32, (3, 3), activation = 'relu', padding = 'same')(x)
5.  pool1 = MaxPooling2D((2, 2), padding = 'same')(conv1_1)
6.  conv1_2 = Conv2D(32, (3, 3), activation = 'relu', padding = 'same')(pool1)
7.  h = MaxPooling2D((2, 2), padding = 'same')(conv1_2)
8.
9.
10. # 解码器
11. conv2_1 = Conv2D(32, (3, 3), activation = 'relu', padding = 'same')(h)
12. up1 = UpSampling2D((2, 2))(conv2_1)
13. conv2_2 = Conv2D(32, (3, 3), activation = 'relu', padding = 'same')(up1)
14. up2 = UpSampling2D((2, 2))(conv2_2)
15. r = Conv2D(1, (3, 3), activation = 'sigmoid', padding = 'same')(up2)
16.
17. autoencoder = Model(inputs = x, outputs = r)
18. autoencoder.compile(optimizer = 'adadelta', loss = 'binary_crossentropy')
```

4) 训练

```
1.  epochs = 3
2.  batch_size = 128
3.
```

```
4.  history = autoencoder.fit(X_train_noisy, X_train,
5.                             batch_size = batch_size,
6.                             epochs = epochs, verbose = 1,
7.                             validation_data = (X_test_noisy, X_test))
```

```
Train on 60000 samples, validate on 10000 samples
Epoch 1/3
60000/60000 [==============================] - 65s 1ms/step - loss: 0.1772 - val
_loss: 0.1247
Epoch 2/3
60000/60000 [==============================] - 62s 1ms/step - loss: 0.1205 - val
_loss: 0.1128
Epoch 3/3
60000/60000 [==============================] - 63s 1ms/step - loss: 0.1126 - val
_loss: 0.1120
```

5）查看解码效果

```
1.  decoded_imgs = autoencoder.predict(X_test_noisy)
2.
3.  n = 10
4.  plt.figure(figsize = (20, 6))
5.  for i in range(n):
6.      # 原图
7.      ax = plt.subplot(3, n, i + 1)
8.      plt.imshow(X_test_noisy[i].reshape(28, 28))
9.      plt.gray()
10.     ax.get_xaxis().set_visible(False)
11.     ax.get_yaxis().set_visible(False)
12.
13.
14.     # 解码效果图
15.     ax = plt.subplot(3, n, i + n + 1)
16.     plt.imshow(decoded_imgs[i].reshape(28, 28))
17.     plt.gray()
18.     ax.get_xaxis().set_visible(False)
19.     ax.get_yaxis().set_visible(False)
20.
21. plt.show()
```

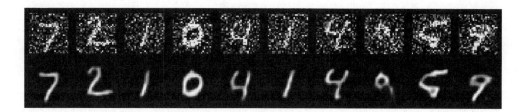

6）训练过程可视化

```
1.  print(history.history.keys())
2.
3.  plt.plot(history.history['loss'])
4.  plt.plot(history.history['val_loss'])
5.  plt.title('model loss')
6.  plt.ylabel('loss')
7.  plt.xlabel('epoch')
8.  plt.legend(['train', 'validation'], loc = 'upper right')
9.  plt.show()
```

```
dict_keys(['val_loss', 'loss'])
```

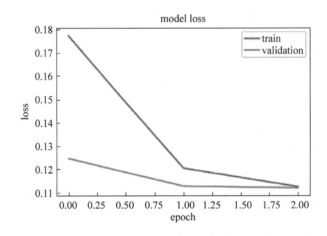

4.7.6 LSTM 实例之预测股价趋势

视频讲解

本节给大家介绍如何用 LSTM 预测股价趋势。闲言少叙，我们这就开始实验。

1. 数据集

Quandl 是为投资专业人士提供金融、经济和替代数据的首选平台，拥有海量的经济和金融数据。为了使用 Quandl 提供的免费数据集，我们首先得安装它的库。在命令行输入 pip install quandl 安装即可。

我们使用 Quandl 提供的谷歌股价数据集，该数据集中有多个变量。

- 日期（Date）
- 开盘价（Open）
- 最高价（High）
- 最低价（Low）

- 收盘价(Close)
- 总交易额(Volume)

其中,开盘价和收盘价代表股票在某一天交易的起始价和最终价。最高价、最低价和最后交易价表示当天股票的最高价、最低价和最后交易价格。交易总量是指当天买卖的股票数量,而营业额是指某一特定公司在某一特定日期的营业额。

损益的计算通常由股票当日的收盘价决定,因此我们将收盘价作为预测目标。

2. 模型结构

预测股价趋势的模型结构就是 LSTM 网络结构。

训练过程:取一定时间点的数据(如 50 个交易日的数据)作为输入,预测该段时间的下一个交易日的收盘价,不断缩小真实收盘价与预测收盘价的差值 $Loss$ 即可。

3. 实验流程

(1) 加载股价数据。
(2) 构造训练数据。
(3) LSTM 建模。
(4) 预测股价。
(5) 查看股价趋势拟合效果。

4. 代码

1) 导入相应代码库

```
1.  import matplotlib.pyplot as plt
2.  from keras.models import Sequential
3.  from keras.optimizers import Adam
4.  from sklearn.preprocessing import MinMaxScaler
5.  from keras.layers import Dense, Dropout, LSTM
6.  import pandas as pd
7.  import quandl
8.  import numpy as np
9.  from datetime import date
```

2) 加载数据

```
1.  start = date(2000,10,12)
2.  end = date.today()
3.  google_stock = pd.DataFrame(quandl.get("WIKI/GOOGL", start_date = start, end_date = end))
4.  print(google_stock.shape)
5.  google_stock.tail()
6.  google_stock.head()
```

(3424, 12)

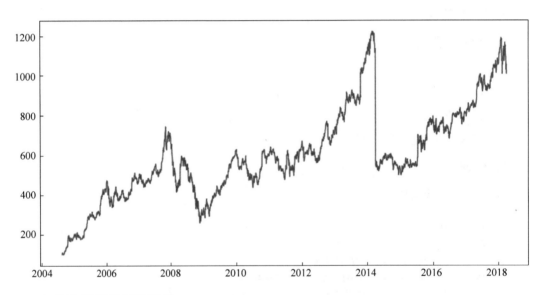

3）绘制股价历史收盘趋势图

1. `plt.figure(figsize = (16, 8))`
2. `plt.plot(google_stock['Close'])`
3. `plt.show()`

4）构造训练集与验证集

1. `# 时间点长度`
2. `time_stamp = 50`
3.
4. `# 划分训练集与验证集`
5. `google_stock = google_stock[['Open', 'High', 'Low', 'Close', 'Volume']]`
6. `train = google_stock[0:2800 + time_stamp]`
7. `valid = google_stock[2800 - time_stamp:]`
8.
9. `# 归一化`
10. `scaler = MinMaxScaler(feature_range = (0, 1))`
11. `scaled_data = scaler.fit_transform(train)`
12. `x_train, y_train = [], []`
13.

```
14.   # 训练集
15.   for i in range(time_stamp, len(train)):
16.       x_train.append(scaled_data[i - time_stamp:i])
17.       y_train.append(scaled_data[i, 3])
18.
19.   x_train, y_train = np.array(x_train), np.array(y_train)
20.
21.   # 验证集
22.   scaled_data = scaler.fit_transform(valid)
23.   x_valid, y_valid = [], []
24.   for i in range(time_stamp, len(valid)):
25.       x_valid.append(scaled_data[i - time_stamp:i])
26.       y_valid.append(scaled_data[i, 3])
27.
28.   x_valid, y_valid = np.array(x_valid), np.array(y_valid)
```

5) 创建并训练 LSTM 模型

```
1.   # 超参数
2.   epochs = 3
3.   batch_size = 16
4.   # LSTM 参数: return_sequences = True LSTM 输出为一个序列. 默认为 False, 输出一个值
5.   # input_dim: 输入单个样本特征值的维度
6.   # input_length: 输入的时间点长度
7.   model = Sequential()
8.   model.add(LSTM(units = 100, return_sequences = True, input_dim = x_train.shape[-1],
          input_length = x_train.shape[1]))
9.   model.add(LSTM(units = 50))
10.  model.add(Dense(1))
11.  model.compile(loss = 'mean_squared_error', optimizer = 'adam')
12.  model.fit(x_train, y_train, epochs = epochs, batch_size = batch_size, verbose = 1)
```

```
Epoch 1/3
2800/2800 [======================] - 20s 7ms/step - loss: 0.0026
Epoch 2/3
2800/2800 [======================] - 19s 7ms/step - loss: 7.5519e-04
Epoch 3/3
2800/2800 [======================] - 20s 7ms/step - loss: 5.3940e-04
```

6) 预测股价

```
1.   closing_price = model.predict(x_valid)
2.   scaler.fit_transform(pd.DataFrame(valid['Close'].values))
3.   # 反归一化
4.   closing_price = scaler.inverse_transform(closing_price)
5.   y_valid = scaler.inverse_transform([y_valid])
6.   # print(y_valid)
```

```
7.  # print(closing_price)
8.  rms = np.sqrt(np.mean(np.power((y_valid - closing_price), 2)))
9.  print(rms)
10. print(closing_price.shape)
11. print(y_valid.shape)
```

```
182.15262037950467
(624, 1)
(1, 624)
```

7)拟合验证集股价趋势

```
1. plt.figure(figsize = (16, 8))
2. dict_data = {
3.     'Predictions': closing_price.reshape(1, -1)[0],
4.     'Close': y_valid[0]
5. }
6. data_pd = pd.DataFrame(dict_data)
7.
8. plt.plot(data_pd[['Close', 'Predictions']])
9. plt.show()
```

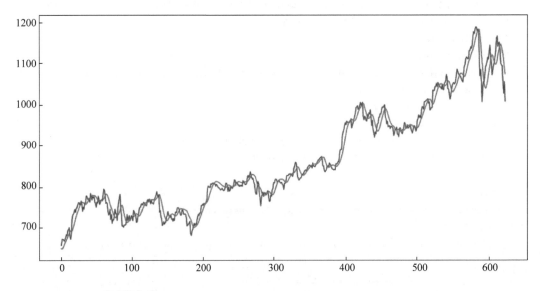

5. LSTM 实例小结

LSTM 能够处理文本序列的位置信息,因此它能比 CNN 更好地处理文本,但是由于它无法和 CNN 那般并行化计算,导致其训练速度会比 CNN 慢很多。所以,为了能够在处理文本过程中获取文本的序列信息,且能在训练过程中并行化计算,谷歌提出了 self-attention layer,它几乎取代了 RNN 与 LSTM。

最后,本节介绍的 LSTM 实例只是一个小应用,有很多人基于 LSTM 提出了许多有趣的实验例如翻译机器人,但笔者并不打算给大家多做几个实验了,因为 self-attention 的出现,几乎取代了 RNN 与 LSTM,所以大家知道怎么用 LSTM 即可。我们需要将重心放在最新最强的网络结构上,加之笔者本身就是研究自然语言处理(NLP)方向的,因此会在后续的章节给大家介绍这些新颖的结构。

4.8 总结

本章的核心思想其实就是梯度下降。对于不同的任务,我们无非是换了不同的网络结构,用上了不同的 Loss,采用了不同的超参数设定训练,整体的思想始终不变。与此同时,梯度下降的思想也是深度学习的核心思想,只有了解梯度下降的基本原理,才能更好地使用与创造适用于各种任务的网络结构。

第 5 章 生成对抗网络

CHAPTER 5

本章介绍生成对抗网络(Generative Adversarial Network,GAN)[3]。生成对抗网络在AI界书写了一个以假乱真的剧本。近年来 AI 换脸等技术火爆全球,离不开这个网络的点滴贡献。生成对抗网络能够学习数据的分布规律,并创造出类似我们真实世界的物件如图像、文本等。从以假乱真的程度上看,它甚至可以被誉为深度学习中的艺术家。好了,闲言少叙,我们这就走进生成对抗网络的世界。

5.1 生成对抗网络的原理

视频讲解

相信大家都会画画,不管画得好坏与否,但总归会对着图案勾上两笔。我们临摹的次数越多,画得也就越像。最后,临摹到了极致,我们的画就和临摹的那幅画一模一样了,以至于专家也无法分清到底哪幅画是赝品。好了,在这个例子中,我们将主人公换成生成对抗网络,画画这个操作换成训练,其实也是这么一回事。总体来说,就是这个网络学习数据分布的规律,然后弄出一个和原先数据分布规律相同的数据。这个数据可以是语音、文字和图像等。

生成对抗网络的网络结构拥有两个部分,一个是生成器(Generator),另一个是辨别器(Discriminator)。现在我们拿手写数字图片来举个例子。我们希望 GAN 能临摹出和手写数字图片一样的图,达到以假乱真的程度。生成对抗网络结构图如图 5.1 所示。

它整体的流程如下:

(1) 首先定义一个生成器,输入一组随机噪声向量(最好符合常见的分布,一般的数据分布都呈现常见分布规律),输出为一个图片。

(2) 定义一个辨别器,用它来判断图片是否为训练集中的图片,是为真,否为假。

(3) 当辨别器无法分辨真假,即判别概率为 0.5 时,停止训练。

其中,生成器和辨别器就是我们要搭建的神经网络模型,可以是 CNN、RNN 或者全连接神经网络等,只要能完成任务即可。

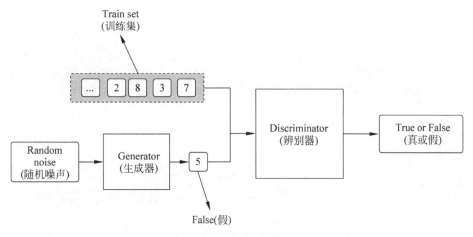

图 5.1　生成对抗网络

5.2　生成对抗网络的训练过程

（1）初始化生成器 G 和辨别器 D 两个网络的参数。

（2）从训练集抽取 n 个样本，以及生成器利用定义的噪声分布生成 n 个样本。固定生成器 G，训练辨别器 D，使其尽可能区分真假。

（3）循环更新 k 次辨别器 D 之后，更新 1 次生成器 G，使辨别器尽可能区分不了真假。

多次更新迭代后，在理想状态下，最终辨别器 D 无法区分图片到底是来自真实的训练样本集合，还是来自生成器 G 生成的样本，此时辨别的概率为 0.5，完成训练。

论文的作者尝试用这个框架分别对 MNIST[4]、Toronto Face Database（TFD）[5] 和 CIFAR-10[6] 训练了 4 个生成对抗网络模型。如图 5.2~图 5.5 所示。样本是公平的随机抽签，并非精心挑选。最右边的列显示了模型预测生成的示例。

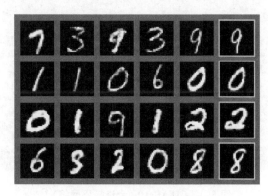

图 5.2　MNIST 数据集[4]

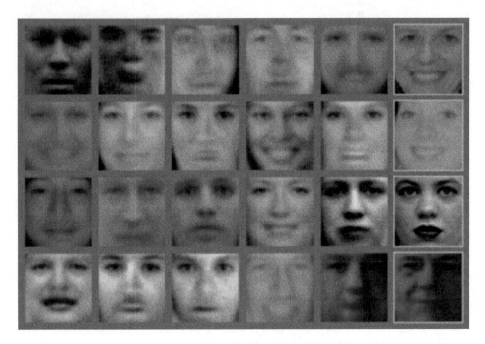

图 5.3　Toronto Face Database 数据集[5]

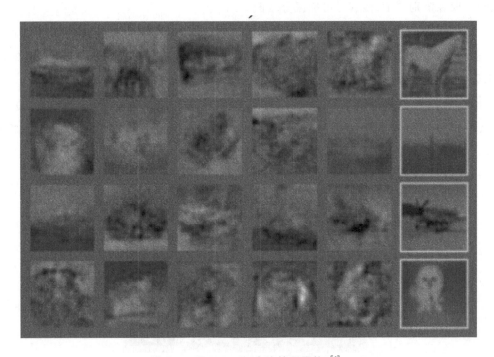

图 5.4　CIFAR-10（全连接层网络）[6]

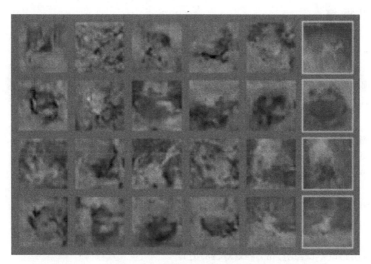

图 5.5　CIFAR-10（卷积辨别器和反卷积生成器）[6]

5.3　实验

同样地,我们依旧通过实验来巩固我们刚刚所学的知识点。本次实验基于 Jupyer Notebook、Anaconda Python3.7 与 Keras 环境。数据集利用 Minst 手写体图像数据集。

视频讲解

5.3.1　代码

```
1.  # chapter5/5_3_GAN.ipynb
2.  import random
3.  import numpy as np
4.  from keras.layers import Input
5.  from keras.layers.core import Reshape,Dense,Dropout,Activation,Flatten
6.  from keras.layers.advanced_activations import LeakyReLU
7.  from keras.layers.convolutional import Convolution2D,MaxPooling2D,ZeroPadding2D,
    Deconv2D,UpSampling2D
8.  from keras.regularizers import *
9.  from keras.layers.normalization import *
10. from keras.optimizers import *
11. from keras.datasets import mnist
12. import matplotlib.pyplot as plt
13. from keras.models import Model
14. from tqdm import tqdm
15. from IPython import display
```

1. 读取数据集

```
1.  img_rows, img_cols = 28, 28
2.
3.  # 数据集的切分与混洗(shuffle)
4.  (X_train, y_train), (X_test, y_test) = mnist.load_data()
5.
6.  X_train = X_train.reshape(X_train.shape[0], 1, img_rows, img_cols)
7.  X_test = X_test.reshape(X_test.shape[0], 1, img_rows, img_cols)
8.  X_train = X_train.astype('float32')
9.  X_test = X_test.astype('float32')
10. X_train /= 255
11. X_test /= 255
12.
13. print(np.min(X_train), np.max(X_train))
14. print('X_train shape:', X_train.shape)
15. print(X_train.shape[0], 'train samples')
16. print(X_test.shape[0], 'test samples')
```

```
0.0 1.0
X_train shape: (60000, 1, 28, 28)
60000 train samples
10000 test samples
```

2. 超参数设置

```
1.  shp = X_train.shape[1:]
2.  dropout_rate = 0.25
3.
4.  # 优化器
5.  opt = Adam(lr=1e-4)
6.  dopt = Adam(lr=1e-5)
```

3. 定义生成器

```
1.  K.set_image_dim_ordering('th')    # 用 theano 的图片输入顺序
2.  # 生成 1×28×28 的图片
3.  nch = 200
4.  g_input = Input(shape=[100])
5.  H = Dense(nch*14*14, kernel_initializer='glorot_normal')(g_input)
6.  H = BatchNormalization()(H)
7.  H = Activation('relu')(H)
8.  H = Reshape( [nch, 14, 14] )(H)    # 转成 200×14×14
9.  H = UpSampling2D(size=(2, 2))(H)
10. H = Convolution2D(100, (3, 3), padding="same", kernel_initializer='glorot_normal')(H)
11. H = BatchNormalization()(H)
```

```
12. H = Activation('relu')(H)
13. H = Convolution2D(50, (3, 3), padding = "same", kernel_initializer = 'glorot_normal')(H)
14. H = BatchNormalization()(H)
15. H = Activation('relu')(H)
16. H = Convolution2D(1, (1, 1), padding = "same", kernel_initializer = 'glorot_normal')(H)
17. g_V = Activation('sigmoid')(H)
18. generator = Model(g_input,g_V)
19. generator.compile(loss = 'binary_crossentropy', optimizer = opt)
20. generator.summary()
```

4. 定义辨别器

```
1.  # 辨别是否来自真实训练集
2.  d_input = Input(shape = shp)
3.  H = Convolution2D(256, (5, 5), activation = "relu", strides = (2, 2), padding = "same")(d_input)
4.  H = LeakyReLU(0.2)(H)
5.  H = Dropout(dropout_rate)(H)
6.  H = Convolution2D(512, (5, 5), activation = "relu", strides = (2, 2), padding = "same")(H)
7.  H = LeakyReLU(0.2)(H)
8.  H = Dropout(dropout_rate)(H)
9.  H = Flatten()(H)
10. H = Dense(256)(H)
11. H = LeakyReLU(0.2)(H)
12. H = Dropout(dropout_rate)(H)
13. d_V = Dense(2,activation = 'softmax')(H)
14. discriminator = Model(d_input,d_V)
15. discriminator.compile(loss = 'categorical_crossentropy', optimizer = dopt)
16. discriminator.summary()
```

5. 构造生成对抗网络

```
1.  # 冷冻训练层
2.  def make_trainable(net, val):
3.      net.trainable = val
4.      for l in net.layers:
5.          l.trainable = val
6.  make_trainable(discriminator, False)
7.
8.  # 构造GAN
9.  gan_input = Input(shape = [100])
10. H = generator(gan_input)
11. gan_V = discriminator(H)
12. GAN = Model(gan_input, gan_V)
13. GAN.compile(loss = 'categorical_crossentropy', optimizer = opt)
14. GAN.summary()
```

```
Layer (type)                 Output Shape              Param #
=================================================================
input_33 (InputLayer)        (None, 100)               0
model_18 (Model)             (None, 1, 28, 28)         4341425
_____
model_19 (Model)             (None, 2)                 9707266
=================================================================
Total params: 14,048,691
Trainable params: 4,262,913
Non-trainable params: 9,785,778
_____
```

6. 训练

```
1.   # 描绘损失收敛过程
2.   def plot_loss(losses):
3.       display.clear_output(wait = True)
4.       display.display(plt.gcf())
5.       plt.figure(figsize = (10,8))
6.       plt.plot(losses["d"], label = 'discriminitive loss')
7.       plt.plot(losses["g"], label = 'generative loss')
8.       plt.legend()
9.       plt.show()
10.
11.
12.  # 描绘生成器生成图像
13.  def plot_gen(n_ex = 16, dim = (4,4), figsize = (10,10) ):
14.      noise = np.random.uniform(0,1,size = [n_ex,100])
15.      generated_images = generator.predict(noise)
16.
17.      plt.figure(figsize = figsize)
18.      for i in range(generated_images.shape[0]):
19.          plt.subplot(dim[0],dim[1],i + 1)
20.          img = generated_images[i,0,:,:]
21.          plt.imshow(img)
22.          plt.axis('off')
23.      plt.tight_layout()
24.      plt.show()
25.
26.  # 抽取训练集样本
27.  ntrain = 10000
28.  trainidx = random.sample(range(0,X_train.shape[0]), ntrain)
29.  XT = X_train[trainidx,:,:,:]
```

```python
30.
31.     # 预训练辨别器
32.     noise_gen = np.random.uniform(0,1,size=[XT.shape[0],100])
33.     generated_images = generator.predict(noise_gen) # 生成器产生样本
34.     X = np.concatenate((XT, generated_images))
35.     n = XT.shape[0]
36.     y = np.zeros([2*n,2])                           # 构造辨别器标签 One-hot encode
37.     y[:n,1] = 1
38.     y[n:,0] = 1
39.
40.     make_trainable(discriminator,True)
41.     discriminator.fit(X,y,epochs=1,batch_size=32)
42.     y_hat = discriminator.predict(X)
```

```
Epoch 1/1
20000/20000 [==============================] - 288s 14ms/step - loss: 0.0469
```

```python
1.      # 计算辨别器的准确率
2.      y_hat_idx = np.argmax(y_hat,axis=1)
3.      y_idx = np.argmax(y,axis=1)
4.      diff = y_idx-y_hat_idx
5.      n_total = y.shape[0]
6.      n_right = (diff==0).sum()
7.
8.      print( "(%d of %d) right" % (n_right, n_total))
```

```
(20000 of 20000) right
```

```python
1.      def train_for_n(nb_epoch=5000, plt_frq=25,BATCH_SIZE=32):
2.          for e in tqdm(range(nb_epoch)):
3.
4.              # 生成器生成样本
5.              image_batch = X_train[np.random.randint(0,X_train.shape[0],size=BATCH_SIZE),:,:,:]
6.              noise_gen = np.random.uniform(0,1,size=[BATCH_SIZE,100])
7.              generated_images = generator.predict(noise_gen)
8.
9.              # 训练辨别器
10.             X = np.concatenate((image_batch, generated_images))
11.             y = np.zeros([2*BATCH_SIZE,2])
12.             y[0:BATCH_SIZE,1] = 1
13.             y[BATCH_SIZE:,0] = 1
14.
15.             # 存储辨别器损失(loss)
```

```
16.         make_trainable(discriminator,True)
17.         d_loss   = discriminator.train_on_batch(X,y)
18.         losses["d"].append(d_loss)
19.
20.         # 生成器生成样本
21.         noise_tr = np.random.uniform(0,1,size=[BATCH_SIZE,100])
22.         y2 = np.zeros([BATCH_SIZE,2])
23.         y2[:,1] = 1
24.
25.         # 存储生成器损失(loss)
26.         make_trainable(discriminator,False)   # 关掉辨别器的训练
27.         g_loss = GAN.train_on_batch(noise_tr,y2)
28.         losses["g"].append(g_loss)
29.
30.         # 更新损失(loss)图
31.         if e%plt_frq == plt_frq-1:
32.             plot_loss(losses)
33.             plot_gen()
34. train_for_n(nb_epoch=1000, plt_frq=10,BATCH_SIZE=128)
```

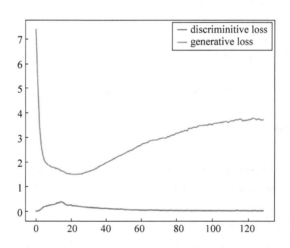

5.3.2 结果分析

从模型输出的 loss 我们可以知道生成器与辨别器两者拟合的 loss 并不是特别好,因此我们可以通过调参来解决。主要调参方向有以下 4 点:

(1) batch size。

(2) adam 优化器的 learning rate。

(3) 迭代次数 nb_epoch。

(4) 生成器和辨别器的网络结构。

5.4 总结

本章讲解了生成对抗网络的知识点。大家在掌握了整个流程之后，就可以将笔者的代码修改成自己所需要的场景，进而训练自己的 GAN 模型了。

笔者在本章介绍的 GAN 只是 2014 年的开山之作，之后有很多人基于 GAN 提出了许多有趣的实验，但是所用的网络原理都差不多，这里就不一一赘述了。而且 GAN 的应用范围非常广阔，例如市面上很火的"换脸"软件，大多都是基于 GAN 的原理。甚至我们也可以利用 GAN 去做数据增强，例如在我们缺少训练集的时候，可以考虑用 GAN 生成一些数据，扩充我们的训练样本。

第 6 章 遗传算法与神经网络
CHAPTER 6

本章介绍遗传算法与神经网络两者所结合的知识点：遗传演化神经网络和遗传拓扑神经网络。它们描绘了一个优胜劣汰的传承，是结合了神经网络和遗传算法与进化策略产生的一种全新模型。它们通过模仿自然界"适者生存"的原则来赋予神经网络在代际循环中优化的力量，能有效克服传统神经网络在训练过程中的缺点。因此，遗传算法与神经网络两者的结合也逐步成为未来科研的热点。

6.1 遗传演化神经网络

视频讲解

相信各位读者对"遗传"这个词已经不陌生了，我们人类文明发展至今离不开遗传与进化。不知道大家有没有一种感觉，现在的初中生已经比我们这群大学生高了，往宏观里想就是下一代已经比我们这一代在身高上优化了。笔者还在读初中的时候，在广东很少能见到有180cm以上的小伙子，然而现在很多穿校服的小孩子身高在180cm以上。笔者每次坐地铁都深感压力，但同时也感叹生命的力量，遗传让每一个弱小的生物在代际循环中获得了优化的力量，表现出越来越适应生存环境的能力，因为不适应环境的生命早在迭代的过程中逐渐消亡。

显然，笔者能注意的小现象，肯定也有人在很多年前就注意到了。为此，有些厉害的人就将遗传搬进了计算机，让计算机模仿遗传，赋予程序优化的力量。

6.1.1 遗传算法原理

遗传算法的整体搜索策略和优化搜索方法在计算时不依赖于梯度信息或其他辅助知识，只需要影响搜索方向的目标函数（Target function）和相应的适应度函数（Fitness function），所以遗传算法提供了一种求解复杂系统问题的通用框架，它不依赖于问题的具体领域，对问题的种类有很强的稳定性，所以广泛应用于许多科学。

通俗易懂地来讲就是遗传算法能够解决很多问题，深度学习只是一个方向，大家只要有想法，随时随地都能将遗传用在别的问题上，例如路径规划、旅行商（TSP）问题和车间设施布局优化问题。

6.1.2 遗传算法整体流程

遗传算法是个通用框架,因此我们需要根据具体的问题来应用遗传算法。不过,既然它是框架,那么就会有通用的几部分供我们选择,因此笔者在此给大家先讲一下整体的流程。

整体框架可分为 3 部分:交叉、变异与适应度。伪代码如下:

```
1.   1.初始化种群
2.   while condition:
3.      2.种群按照随机概率选取一个个体
4.      if random.random < 交叉率:
5.         种群按照随机概率选取一个个体
6.         交叉操作
7.         if random.random < 变异率:
8.            变异操作
9.         计算(两者)适应度
10.     else: # 直接变异
11.        if random.random < 变异率:
12.           变异操作
13.        计算适应度
14.
15.     3.新生成的个体形成新的种群
16.  condition:迭代次数
```

所以,整个流程可以理解为有一个种群,他们不断地生小孩(交叉与变异),适应环境(评价函数)的小孩和大人会被保留,不适应环境的大人和小孩会被淘汰,通过不断地迭代,最终得到的种群是最适应环境的。

另外,值得一提的是,上面所说的交叉、变异与适应度都是根据具体问题去定义的,所以才说遗传算法是个通用框架,能够解决很多问题。

6.1.3 遗传算法遇上神经网络

随着深度的增加,深度神经网络持续表现出更好的性能,这是一个令人鼓舞的趋势,这意味着网络架构和超参数的可能排列发生了爆炸式增长,对此几乎没有直观的指导。为了解决这种日益增加的复杂性,Emmanuel 等人[7]提出了演化神经网络(EDEN),这是一种计算效率高的神经进化算法,可与任何深层神经网络平台(例如 TensorFlow)接口。他们展示了 EDEN 从嵌入、一维和二维卷积、最大池化和完全连接的层及其超参数发展而来的简单但成功的体系结构。EDEN 对 7 个图像和情感分类数据集的评估表明,它可以可靠地找到良好的网络。在 3 种情况下,即使在单个 GPU 上,也可以在 6~24h 内达到最新的结果。EDEN 的研究为将神经进化应用于创建一维卷积网络以进行情感分析(包括优化嵌入层)提供了首次尝试。

6.1.4　演化神经网络实验

因为演化神经网络（EDEN）的作者并没有开源论文的代码。为此，笔者通过疟疾细胞数据集[3]来实现一个演化神经网络模型以达到疟疾细胞分类（感染与未感染）的效果。伪代码如下：

https://lhncbc.nlm.nih.gov/publication/pub9932

1. 超参数设置

（1）物理计算环境：1080Ti GPU。

（2）卷积核数目范围：[10,100]。

（3）卷积核大小范围：[1,6]。

（4）网络层数范围：[2,10]。

（5）max_pooling 层大小范围：[1,6]。

（6）全连接层神经元数目范围：[32,256]。

（7）Dropout 范围：(0,1)。

（8）卷积层的激励函数选择范围：[linear, leaky relu, prelu, relu]。

（9）中间层全连接层的激励函数选择范围：[linear, sigmoid, softmax, relu]。

（10）最后一层全连接层的激励函数选择范围：[sigmoid, softmax]。

2. 整体流程

```
1. input:
2.     population_size                          # 种群规模
3.
4. begin:
5. for i in population_size:                    # chromosome 为个体
6.     Generate chromosome
7.     Add chromosome to initial populati
```

1) 个体网络（chromesome）生成规则

```
1. input:
2.     layer_list                               # 个体网络的网络层列表
3.     layer_list_len                           # 每个个体最多拥有的网络层次
4.     add_pooling_layer_chioce                 # 是否添加 Pooling 层
5.
6. begin:
7. initial an empty chromosome.                 # 初始化空个体网络
8. for i in layer_list_len − 1:
9.     if i == 0:    # 因为是处理图像数据，第 1 层需为 CNN
10.        create the input cnn layer
11.        append new_layer to chromosome
12.    else:
```

```
13.     if layer_type == 'cnn':
14.         CreateLayer()
15.     if new_layer is fully_connected_layer:
16.         CreateLayer()
17.     append new_layer to chromosome
18.
19. Randomly create fully_connected_layer and append to chromosome.
20. return chromosome
21.
22. Function CreateLayer(layer_type)                    # 创建网络函数
23.     if layer_type ← 'cnn':
24.         Randomly create convolution layer           # 创建 CNN 层
25.         if add_pooling_layer_chioce:
26.             Randomly create max_pooling layer
27.     else:
28.         Randomly create fully connected layer       # 创建全连接层
29.         Randomly create dropout layer
```

2) 整体流程

```
1.  1.种群规模
2.      101 个网络
3.  2.交叉
4.      pass
5.  3.变异
6.      两种变异:
7.          3.1 change learning rate              # 改变学习率
8.          3.2 change network structure          # 改变网络结构
9.              3.2.1 remove layer
10.             3.2.2 add layer
11.             3.2.3 replace layer
12. 4.适应度函数
13.     fitness = accuracy of dataset             # 预测准确率作为适应度函数
14.
15. while condition:
16.     Parent Selection(轮盘选择法)              # 选择变异个体
17.     Mutate two times                          # 变异个体变异两次,生成两个子代
18.     Select the best offspring                 # 对比 3 个个体的适应度,选择最好的留下
19.     Evaluate generation in new train epoch    # 进行新的一轮迭代与评估
20.     generation ← (generation + 1)
21.
22. condition:
23. 种群里的网络每次迭代训练若干次(人为设定)
24. or
25. 将适应度 fitness 倒数前 10 的网络杀掉,直到剩下的最后一个网络
```

3）代码

读取数据与数据预处理

```python
1.  # chapter6/6_1_4_EDEN.ipynb
2.  #!/usr/bin/env python
3.  # -*- coding: utf-8 -*-
4.  """
5.  @Author: ChileWang
6.  @Coding Environment: Anaconda Python 3.7
7.  """
8.  import random
9.  import matplotlib.pyplot as plt
10. import pandas as pd
11. import keras
12. from keras.preprocessing.image import ImageDataGenerator
13. from keras.models import Sequential, Model
14. from keras.layers import Dense, Dropout, Activation, Flatten
15. from keras.layers import Conv2D, MaxPooling2D
16. import os
17. from keras.layers import LeakyReLU
18. from keras.layers import PReLU
19. import operator
20. from keras.models import load_model
21. import copy
22. from keras.utils import multi_gpu_model
23. from keras.layers.normalization import BatchNormalization
24. # 指定占用模块GPU,若不指定,将会占用所有GPU
25. os.environ["CUDA_VISIBLE_DEVICES"] = "0"
26. # 模型的保存路径
27. save_dir = os.path.join(os.getcwd(), 'saved_models_cnn')
28. if not os.path.isdir(save_dir):
29.     os.makedirs(save_dir)
30.
31. class GeneticAlgorithm:
32.     # ----------- 初始数据定义 ---------------------
33.     # 定义一些遗传算法需要的参数
34.     def __init__(self, rows, times, num_classes, kill_num):
35.         self.rows = rows                    # 染色体个数
36.         self.times = times                  # 迭代次数
37.         self.accuracy = 0                   # 模型准确率
38.         self.layer_list = ['Conv2D', 'Dense']  # 算法使用的网络层
39.     # CNN层用到激励函数
40.         self.cnn_activation_function = ['linear', 'leaky relu', 'prelu', 'relu']
41.     # 中间全连接层用到的激励函数
42.         self.dense_activation_function = ['linear', 'sigmoid', 'softmax', 'relu']
43.         # 最后一个全连接层用到的激励函数
44.         self.last_dense_activation_function = ['sigmoid', 'softmax']
```

```
45.         self.unit_num_list = [64, 128, 256]      # 神经元数目选择
46.         self.filter_num_list = [4, 8, 16]         # 卷积核数目选择
47.         self.pooling_size = range(2, 4)           # max_pooling 的选择范围
48.         self.filter_size = range(2, 4)            # 卷积核的选择范围
49.         self.layer_num_list = range(2, 4)         # 网络层次的选择范围
50.         self.max_size = 10                        # 层数最大值
51.         self.threshold = 3                        # 层数临界值
52.         self.batch_size = 512
53.         self.num_classes = num_classes            # 2 分类
54.         self.kill_num = kill_num                  # 每次杀掉的网络个数
55.
56.     # -------------- 遗传函数开始执行 --------------------
57.     def run(self):
58.
59.         print("开始迭代")
60.         # 初始化种群
61.         lines = [self.create_network(self.create_chromosome())for i in range(self.rows)]
62.
63.         # 初始化种群适应度
64.         fit = [0 for i in range(self.rows)]
65.
66.         epochs = 1
67.         # 计算每个染色体(网络)的适应度
68.         for i in range(0, self.rows):
69.             lines[i]['is_saved'] = False
70.             lines[i]['model_name'] = 'model_%s' % str(i)
71.             lines[i] = self.cal_fitness(lines[i], epochs)
72.             fit[i] = lines[i]['fitness']
73.
74.         # 开始迭代
75.         t = 0
76.         while t < self.times:
77.             print('迭代次数:', t)
78.             random_fit = [0 for i in range(self.rows)]
79.             total_fit = 0
80.             tmp_fit = 0
81.
82.             # 开始遗传
83.             # 根据轮盘选择父代
84.             # 计算原有种群的总适应度
85.             for i in range(self.rows):
86.                 total_fit += fit[i]
87.             # 通过适应度占总适应度的比例生成随机适应度
88.             for i in range(self.rows):
89.                 random_fit[i] = tmp_fit + fit[i] / total_fit
90.                 tmp_fit += random_fit[i]
```

```python
91.          r = int(self.random_select(random_fit))
92.          line = lines[r]
93.
94.          # 不需要交叉的,直接变异,然后遗传到下一代
95.          # 基因变异,生成两个子代
96.          print('******* 变异 ****** ')
97.          offspring1 = self.mutation(line,'offspring1')
98.          offspring2 = self.mutation(offspring1,'offspring2')
99.          best_chromosome = self.get_best_chromosome(line, offspring1, offspring2, epochs)
100.         # 替换原先的父代
101.         father_model_name = lines[r]['model_name']
102.         lines[r] = best_chromosome
103.         print('保存最佳变异个体…')
104.         # 保存模型
105.         model_path = os.path.join(save_dir, father_model_name)
106.         lines[r]['model_path'] = model_path    # 每一个模型的路径
107.         lines[r]['is_saved'] = True            # 是否保存
108.         best_chromosome_model = lines[r]['model']
109.         best_chromosome_model.save(model_path)
110.
111.         epochs += 1
112.         # 杀掉最差的 self.kill_num 个网络
113.         kill_index = 1
114.         # 按适应度从小到大排序
115.         sorted_lines = sorted(lines, key = operator.itemgetter('fitness'))
116.         if len(sorted_lines) > self.kill_num:
117.             # 第一次迭代杀死适应度小于0.55的网络
118.             for i in range(len(sorted_lines)):
119.                 if sorted_lines[i]['fitness'] < 0.55:
120.                     kill_index = i
121.                 else:
122.                     break
123.             if t == 0:
124.                 new_lines = sorted_lines[kill_index:]
125.                 self.rows -= kill_index
126.             else:
127.                 new_lines = sorted_lines[self.kill_num:]
128.                 self.rows -= self.kill_num
129.             lines = new_lines             # 更新种群
130.             next_fit = [line['fitness'] for line in lines]   # 更新种群
131.             fit = next_fit
132.             print('..........Population size: %d .........' % self.rows)
133.
134.         # 进行新的一次 epochs,计算种群的适应度
135.         # 计算每个染色体(网络)的适应度
136.         for i in range(0, self.rows):
```

```python
                lines[i] = self.cal_fitness(lines[i], 1)
                fit[i] = lines[i]['fitness']
            print('****************************************************')
            print()
            t += 1                                  # 代数 + 1

            # 提取适应度最高的
            m = fit[0]
            ml = 0
            for i in range(self.rows):
                if m < fit[i]:
                    m = fit[i]
                    ml = i

        print("迭代完成")
        # 输出结果
        excellent_chromosome = self.cal_fitness(lines[ml], 0)
        print('The best network:')
        print(excellent_chromosome['model'].summary())
        print('Fitness: ', excellent_chromosome['fitness'])
        print('Accuracy', excellent_chromosome['accuracy'])

        best_model_save_dir = os.path.join(os.getcwd(),'best_model')
        if not os.path.isdir(best_model_save_dir):
            os.makedirs(best_model_save_dir)
        best_model_path = os.path.join(best_model_save_dir,'excellent_model')
        excellent_chromosome['model'].save(best_model_path)
        print(excellent_chromosome['layer_list'])
        with open('best_network_layer_list.txt', 'w') as fw:
            for layer in excellent_chromosome['layer_list']:
                fw.write(str(layer) + '\n')


    # ------------------ 遗传函数执行完成 --------------------

    # ------------------ 各种辅助计算函数 --------------------
    def create_network(self, chromsome_dict):
        """
        :param chromosome:
        :return:
        """
        layer_list = chromsome_dict['layer_list']
        layer_num = chromsome_dict['layer_num'] + 2      # 包括输入和输出
        unit_num_sum = 0                                 # 统计 Dense 神经元的个数
        model = Sequential()
        for i in range(len(layer_list) - 1):
            if i == 0:
```

```
184.                    model.add(Conv2D(layer_list[i]['conv_kernel_num'],
185.                                     layer_list[i]['conv_kernel_size'],
186.                                     padding = layer_list[i]['padding'],
187.                                     input_shape = layer_list[i]['input_shape'],
188.                                     kernel_initializer = 'he_normal'
189.                                     )
190.                             )
191.                    model = self.add_activation_function(model, layer_list[i]['layer_activation_function'])
192.
193.                else:
194.                    if layer_list[i]['layer_name'] == 'Conv2D':
195.                        model.add(Conv2D(layer_list[i]['conv_kernel_num'],
196.                                         layer_list[i]['conv_kernel_size'],
197.                                         padding = layer_list[i]['padding'],
198.                                         )
199.                                 )
200.                        model = self.add_activation_function(model, layer_list[i]['layer_activation_function'])
201.
202.                        if layer_list[i]['pooling_choice']:    # 是否创建 Pooling
203.                            try:
204.                                model.add(MaxPooling2D(pool_size = layer_list[i]['pool_size'], dim_ordering = "tf"))
205.                            except Exception as error:
206.                                print('MaxPooling 大于输入的矩阵,用 pool_size = (1, 1)代替')
207.                                model.add(MaxPooling2D(pool_size = (1, 1), strides = (2, 2)))
208.                        layer_num += 1
209.                        model.add(BatchNormalization())
210.
211.                        # Dropout 层
212.                        model.add(Dropout(layer_list[i]['dropout_rate']))
213.
214.                    else:    # Dense 层
215.                        unit_num_sum += layer_list[i]['unit_num']
216.                        model.add(Dense(layer_list[i]['unit_num'],
217.                                        )
218.                                 )
219.                        model = self.add_activation_function(model, layer_list[i]['layer_activation_function'])
220.                        # Dropout 层
221.                        model.add(Dropout(layer_list[i]['dropout_rate']))
222.
223.            # 最后一层
224.            model.add(Flatten())
225.
```

```
226.        if layer_list[-1]['layer_activation_function'] == 'sigmoid':
227.            model.add(Dense(1))
228.            unit_num_sum += 1
229.        else:
230.            model.add(Dense(self.num_classes))
231.            unit_num_sum += self.num_classes
232.        model = self.add_activation_function(model, layer_list[-1]['layer_activation
    _function'])
233.        chromsome_dict['model'] = model
234.        chromsome_dict['punish_factor'] = (1 / layer_num) + (1 / unit_num_sum)
    # 惩罚因子
235.        return chromsome_dict
236.
237.    def add_activation_function(self, model, activation_name):
238.        """
239.        添加激活函数
240.        :param model:
241.        :param activation_name:
242.        :return:
243.        """
244.        if activation_name == 'leaky relu':
245.            model.add(LeakyReLU())
246.        elif activation_name == 'prelu':
247.            model.add(PReLU())
248.        else:
249.            model.add(Activation(activation_name))
250.        return model
251.
252.    def create_chromosome(self):
253.        """
254.        创建染色体
255.        """
256.        chromsome_dict = dict()              # 用字典装载染色体的所有属性
257.        # 学习率
258.        chromsome_dict['learning_rate'] = self.random_learning_rate()
259. # 创建的网络层次, 输入层和输出层不计算在内
260.        layer_num = random.choice(self.layer_num_list)
261.
262.        chromsome_dict['layer_num'] = layer_num
263.
264.        layer_list = list()                  # 网络层次顺序表
265.        # 第1层必须是卷积层
266.        layer_list.append({'layer_name': 'Conv2D',
267.                           'conv_kernel_num': 32,
268.                           'conv_kernel_size': (3, 3),
269.                           'padding': 'same',
270.                           'input_shape': (128, 128, 3),
```

```
271.                            'layer_activation_function': random.choice(self.cnn_
                                activation_function)}
272.                        )
273.        # 每一层的属性
274.        for i in range(layer_num):
275.            # 选择层次类型
276.            # layer_name = self.layer_list[random.randint(0, 1)]
277.            layer_name = 'Conv2D'
278.            if i == 0:    # 第 1 层 dropout_rate 必须为 0,即不存在
279.                layer_dict = self.create_layer(layer_name)
280.                layer_dict['dropout_rate'] = 0
281.
282.            else:
283.                layer_dict = self.create_layer(layer_name)
284.            layer_list.append(layer_dict)       # 添加至层次列表
285.
286.        # 最后一层必须是 Dense 层
287.        layer_list.append({'layer_name': 'Dense',
288.                           'layer_activation_function': random.choice(self.last_dense_
        activation_function)
289.                          }
290.                         )
291.
292.        # 将网络层次顺序表添加至染色体
293.        chromsome_dict['layer_list'] = layer_list
294.
295.        return chromsome_dict
296.
297.    def create_layer(self, layer_name):
298.        """
299.        创建网络层次属性
300.        """
301.        layer_dict = dict()
302.        layer_dict['layer_name'] = layer_name
303.        if layer_name == 'Conv2D':
304.            # 激励函数
305.            layer_activation_function = random.choice(self.cnn_activation_function)
306.            # 卷积核数量和大小
307.            conv_kernel_num = random.choice(self.filter_num_list)
308.            random_size = random.choice(self.filter_size)
309.            conv_kernel_size = (random_size, random_size)
310.            # 是否加入 Pooling 层
311.            pooling_choice = [True, False]
312.            if pooling_choice[random.randint(0, 1)]:
313.                layer_dict['pooling_choice'] = True
314.                random_size = random.choice(self.pooling_size)
315.                pool_size = (random_size, random_size)
```

```python
316.                layer_dict['pool_size'] = pool_size
317.            else:
318.                layer_dict['pooling_choice'] = False
319.
320.            layer_dict['layer_activation_function'] = layer_activation_function
321.            layer_dict['conv_kernel_num'] = conv_kernel_num
322.            layer_dict['conv_kernel_size'] = conv_kernel_size
323.            layer_dict['padding'] = 'same'
324.
325.        else:  # Dense 层
326.            # 激励函数
327.            layer_activation_function = random.choice(self.dense_activation_function)
328.            # 神经元个数
329.            unit_num = random.choice(self.unit_num_list)
330.            layer_dict['layer_activation_function'] = layer_activation_function
331.            layer_dict['unit_num'] = unit_num
332.        layer_dict['dropout_rate'] = round(random.uniform(0, 1), 3)
333.        return layer_dict
334.
335.    def cal_fitness(self, line, epochs):
336.        """
337.        :param line:染色体(网络)
338.        :param epochs:迭代次数
339.        :return:
340.        """
341.        if epochs == 0:
342.            return line
343.        line = self.train_process(line, epochs)
344.        # 适应度函数,表示准确率 + 训练参数个数的倒数,适应度越大,说明模型越好
345.        # fitness = line['accuracy'] + line['punish_factor']
346.        fitness = line['accuracy']
347.        line['fitness'] = fitness
348.        return line
349.
350.    def train_process(self, line, epochs):
351.        """
352.        训练
353.        :param line:染色体
354.        :param epochs:迭代次数
355.        :return:
356.        """
357.
358.        print('learning_rate:', line['learning_rate'])
359.        print('layer_num:', len(line['layer_list']))
360.
361.        if line['is_saved']:  # 若保存,则直接读入训练即可
```

```python
362.            print('读取原有模型训练…')
363.            model_path = line['model_path']
364.            model = load_model(model_path)
365.            accuracy = model.evaluate(x = x_test, y = y_test)[1]
366.            print('former accuracy:', accuracy)
367.        else:
368.            print('重新训练…')
369.            model = line['model']
370.            learning_rate = line['learning_rate']
371.            # 初始化 adam 优化器
372.            opt = keras.optimizers.Adam(lr = learning_rate, beta_1 = 0.9, beta_2 = 0.999, epsilon = None, decay = 1e-6, amsgrad = False)
373.            # 编译模型
374.            layer_list = line['layer_list']
375.            if layer_list[-1]['layer_activation_function'] == 'softmax':
376.                loss = 'sparse_categorical_crossentropy'
377.            else:
378.                loss = 'binary_crossentropy'
379.            print(loss)
380.            model.compile(loss = loss,
381.                          optimizer = opt,
382.                          metrics = ['accuracy'])
383.
384.            history = model.fit(x_train, y_train, epochs = epochs, batch_size = self.batch_size)
385.
386.            accuracy = model.evaluate(x = x_test, y = y_test)[1]
387.            line['accuracy'] = accuracy
388.            line['history'] = history          # 训练历史
389.            print('accuracy:', accuracy)
390.            # 保存模型
391.            model_name = line['model_name']
392.            model_path = os.path.join(save_dir, model_name)
393.            line['model_path'] = model_path    # 每一个模型的路径
394.            line['is_saved'] = True            # 是否保存
395.            line['model'] = model
396.            model.save(model_path)
397.
398.        return line
399.
400.    def mutation(self, line, name):
401.        """
402.        基因变异
403.        :param line:
404.        :return:
405.        """
406.        offspring1 = copy.deepcopy(line)                          # 深复制,子代 1
```

```python
407.            offspring1['model_name'] = name
408.            offspring1['is_saved'] = False
409.            mutation_choice = [True, False]
410.            # 子代 1 变异
411.            if mutation_choice[random.randint(0, 1)]:            # 改变学习率
412.                print('Mutation Operation: Change learning rate...')
413. #学习率
414.                offspring1['learning_rate'] = self.random_learning_rate()
415.
416.            else:                                                 # 改变网络结构
417.                offspring1 = self.layer_mutation_operation(offspring1)
418.            offspring1 = self.create_network(offspring1)
419.            return offspring1
420.
421.    def layer_mutation_operation(self, offspring):
422.        """
423.        :param offspring:子代染色体
424.        :return:
425.        """
426.        mutation_layer_choice = [0, 1, 2]                         # 添加,替换,删除
427.        mutation_layer_choice_name = ['Add', 'Replace', 'Delete']
428.        layer_name = self.layer_list[random.randint(0, 1)]
429.        layer_dict = self.create_layer(layer_name)
430.        choice_index = -1
431.        if self.threshold < offspring['layer_num'] < self.max_size:
432.            # 层数小于最大值且大于临界值,则可以添加、替换和删除
433.            choice_index = random.randint(0, 2)
434.            if mutation_layer_choice[choice_index] == 0:          # 添加
435.                insert_index = random.randint(1, len(offspring['layer_list']) - 1)
    # 插入位置
436.                offspring['layer_list'].insert(insert_index, layer_dict)
437.                offspring['layer_num'] += 1
438.
439.            elif mutation_layer_choice[choice_index] == 1:   # 替换
440.                replace_index = random.randint(1, len(offspring['layer_list']) - 1)
    # 替换位置
441.                offspring['layer_list'][replace_index] = layer_dict
442.
443.            else:  # 删除层
444.                delete_index = random.randint(1, len(offspring['layer_list']) - 1)
    # 删除位置
445.                del offspring['layer_list'][delete_index]
446.                offspring['layer_num'] -= 1
447.
448.        elif offspring['layer_num'] <= self.threshold:
449. # 小于或等于临界值,只能添加或者替换
450.            choice_index = random.randint(0, 1)
```

```python
451.            if mutation_layer_choice[choice_index] == 0:      # 添加
452.                insert_index = random.randint(1, len(offspring['layer_list']) - 1)
       # 插入位置
453.                offspring['layer_list'].insert(insert_index, layer_dict)
454.                offspring['layer_num'] += 1
455.            else:
456.                replace_index = random.randint(1, len(offspring['layer_list']) - 1)
       # 替换位置
457.                offspring['layer_list'][replace_index] = layer_dict
458.
459.        else:    # 层数到达最大值,则只能替换和删除
460.            choice_index = random.randint(1, 2)
461.            if mutation_layer_choice[choice_index] == 1:      # 替换层
462.                replace_index = random.randint(1, len(offspring['layer_list']) - 1)
       # 替换位置
463.                offspring['layer_list'][replace_index] = layer_dict
464.
465.            else:    # 删除层
466.                delete_index = random.randint(1, len(offspring['layer_list']) - 1)
       # 删除位置
467.                del offspring['layer_list'][delete_index]
468.                offspring['layer_num'] -= 1
469.        print('Mutation Operation:', mutation_layer_choice_name[choice_index])
470.        return offspring
471.
472.    def get_best_chromosome(self, father, offspring1, offspring2, epochs):
473.        """
474.        比较父代,子代1,子代2的适应度,返回适应度最大的染色体
475.        :param father:
476.        :param offspring1:
477.        :param offspring2:
478.        :param epochs:
479.        :return:返回适应度最高的染色体
480.        """
481.        print('子代1训练: ', epochs)
482.        offspring1 = self.cal_fitness(offspring1, epochs)
483.
484.        print('子代2训练: ', epochs)
485.        offspring2 = self.cal_fitness(offspring2, epochs)
486.        tmp_lines = [father, offspring1, offspring2]
487.        # 按适应度从小到大排序
488.        sorted_lines = sorted(tmp_lines, key=operator.itemgetter('fitness'))
489.        return sorted_lines[-1]
490.    def random_learning_rate(self):
491.        return random.uniform(0.01, 0.02)                         # 学习率
```

```
492.
493.    def random_select(self, ran_fit):
494.        """
495.        轮盘选择
496.        根据概率随机选择的染色体
497.        :param ran_fit:
498.        :return:
499.        """
500.        ran = random.random()
501.        for i in range(self.rows):
502.            if ran < ran_fit[i]:
503.                return i
```

4）主函数

```
1.  # -------------- 入口函数,开始执行 ----------------------------
2.  """
3.  输入参数的意义依次为
4.      self.rows = rows                  # 染色体个数(即种群大小:101 个网络)
5.      self.times = times                # 迭代次数
6.      self.num_classes = num_classes    # 几分类
7.      self.kill_num = kill_num          # 每次迭代杀死的网络
8.  """
9.  if __name__ == '__main__':
10.     ga = GeneticAlgorithm(rows = 50, times = 3, num_classes = 2, kill_num = 7)
11.     ga.run()
```

5）实验结果

通过演化网络的迭代优化,我们得到了一个比较优的网络结构,如图 6.1 所示,不过 EDEN 并不保证每次运行均是这个结构,因为遗传算法本身带有随机性。同时,笔者按照不同比例对数据集进行切分,以测试 EDEN 的实验效果,结果如表 6.1 所示。

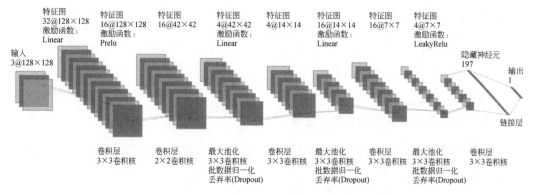

图 6.1　EDEN 生成的网络结构图

表 6.1 实验结果表

比例	正确率	精确率	召回率	F1 Score
1∶9	0.9997	0.9986	0.9986	0.9986
2∶8	0.9992	0.9992	0.9992	0.9992
3∶7	0.9987	0.9996	0.9998	0.9998
4∶6	0.9998	0.9996	0.9998	0.9998

6.2　遗传拓扑神经网络

视频讲解

　　Kenneth O. Stanley 等人[8]提出的遗传拓扑神经网络(NEAT 算法)同样也是结合了神经网络和遗传算法产生的一种全新模型。它与 6.1 节介绍的遗传演化神经网络不同的地方在于加入了交叉操作。不过它的年代比较久远了,是来自 2003 年的一篇论文。因为近些年来计算机算力的提升与强化学习的兴起,遗传拓扑神经网络又走进了人们的视野。

6.2.1　遗传拓扑神经网络原理

　　如 6.1 节所述,遗传算法是个通用框架,因此我们需要根据具体的问题来定义遗传算法。不过,既然它是框架,那么就会有通用的几部分供我们选择,在此给大家先讲一下整体的流程。

　　整体框架可分为 3 部分：交叉、变异与适应度。虽然整体的流程是一致的,但是因为问题不同,我们定义的基因也有所不同,交叉与变异也会随之变化。

　　文献[9]将神经元及其连接定义成基因组,而遗传演化神经网络论文将网络层及其学习率定义成基因组,大家可以对比着学习两者的异同,这样也能更好地感受为什么说遗传算法是解决一般性问题的通用框架,就是因为我们可以根据问题去定义基因组。

6.2.2　算法核心

1）超参数设置

个体基因：节点链接与节点类型。

种群规模：150。

物种划分：基于权值相似度划分物种。

2）伪代码

```
1.  while condition:
2.      if random.random < 交叉率:
3.          选择操作(适应度越高,越容易被选中)
4.          物种内交叉
5.      if random.random < 变异率:
```

```
6.            变异操作
7.            评估适应度
8.     else:  # 直接变异
9.         if random.random < 变异率:
10.            变异操作
11.            评估适应度
12.    # 淘汰操作
13.        每个物种保留一定数量的个体
14.    if random.random < 灭绝率:
15.        灭绝最差的物种
16.        种群间的物种交叉生成亚种,弥补新的物种
17.
18. condition:迭代次数 or fittness 达到设定的阈值
19. 评估适应度:fitness = 1/(训练集的误差)^2
20. 这里的适应度函数是自定义的,大家可以根据自己的想法去定义
```

3) 交叉操作

文献[9]通过一个链表定义基因的节点连接,选择两个个体进行交叉的时候,按照链表的顺序,逐一操作,最后生成新的子代,如图6.2所示。

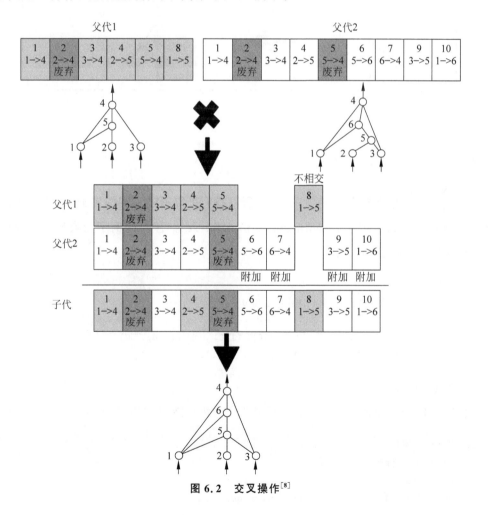

图6.2 交叉操作[8]

4）变异操作

同样地，变异操作也是在链表中进行，且会有两种变异：增加连接和增加节点，如图6.3所示。

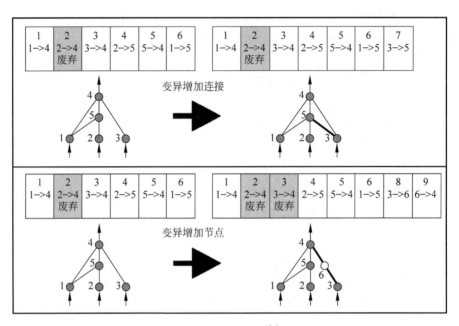

图 6.3　变异操作[8]

6.2.3　NEAT 实验

文献[8]的作者开源了 NEAT 的代码，所以我们可以通过官网的例子来巩固刚刚所学，链接为 https://neat-python.readthedocs.io/en/latest/。官网的例子为实现一个 XOR 异或操作的网络。伪代码如下：

1. """
2. 异或：输入相异，输出 1；输入相同，输出 0
3. """
4. xor_inputs = [(0.0, 0.0), (0.0, 1.0), (1.0, 0.0), (1.0, 1.0)]
5. xor_outputs = [(0.0,),   (1.0,),   (1.0,),   (0.0,)]

1）可视化操作

代码中加入了可视化操作，为了能使用其可视化功能，我们需在命令行输入以下命令。

1. Windows 用户：
2. 在 cmd 命令行输入以下命令
3. conda install – c conda – forge graphviz
4. conda install – c conda – forge python – graphviz
5.

6. Linux 用户:
7. 在命令行输入以下命令
8. sudo apt-get install graphviz

2) NEAT 配置文件

整个算法进行了很好的包装,所以我们只需要修改配置文件的相应参数,就可以运行 NEAT 算法了,下面给大家介绍一下 NEAT 算法的配置文件,官网有对配置文件更详细的解释,这里标注的是一些自己用到的参数。

配置文件代码如下:

```
1.  # chapter6/6_2_3_Neat/config-feedforward
2.  # 实验的超参数设置 #
3.
4.  [NEAT]
5.  fitness_criterion           = max
6.  fitness_threshold           = 3.9              # 适应度的阈值
7.  pop_size                    = 150              # 种群规模
8.  reset_on_extinction         = False
9.
10. [DefaultGenome]
11. # node activation options                       # 节点的激励函数
12. activation_default          = sigmoid
13. activation_mutate_rate      = 0.0
14. activation_options          = sigmoid
15.
16. # node aggregation options                      # 节点的聚合选择(一般默认)
17. aggregation_default         = sum
18. aggregation_mutate_rate     = 0.0
19. aggregation_options         = sum
20.
21. # node bias options                             # 节点的偏置选择
22. bias_init_mean              = 0.0
23. bias_init_stdev             = 1.0
24. bias_max_value              = 30.0
25. bias_min_value              = -30.0
26. bias_mutate_power           = 0.5
27. bias_mutate_rate            = 0.7
28. bias_replace_rate           = 0.1
29.
30. # genome compatibility options                  # 基因组兼容性选项
31. compatibility_disjoint_coefficient = 1.0
32. compatibility_weight_coefficient   = 0.5
33.
34. # connection add/remove rates                   # 连接增加/删除的概率
35. conn_add_prob               = 0.5
36. conn_delete_prob            = 0.5
```

```
37.
38.  # connection enable options
39.  enabled_default                  = True
40.  enabled_mutate_rate              = 0.01
41.
42.  feed_forward                     = True          # 是否加入 RNN 神经元
43.  initial_connection               = full
44.
45.  # node add/remove rates                          # 节点的添加和删除概率
46.  node_add_prob                    = 0.2
47.  node_delete_prob                 = 0.2
48.
49.  # network parameters                             # 输入层、输出层、隐藏层的神经元个数
50.  num_hidden                       = 2
51.  num_inputs                       = 2
52.  num_outputs                      = 1
53.
54.  # node response options                          # 节点相应选项
55.  response_init_mean               = 1.0
56.  response_init_stdev              = 0.0
57.  response_max_value               = 30.0
58.  response_min_value               = -30.0
59.  response_mutate_power            = 0.0
60.  response_mutate_rate             = 0.0
61.  response_replace_rate            = 0.0
62.
63.  # connection weight options                      # 连接权重选项
64.  weight_init_mean                 = 0.0
65.  weight_init_stdev                = 1.0
66.  weight_max_value                 = 30
67.  weight_min_value                 = -30
68.  weight_mutate_power              = 0.5
69.  weight_mutate_rate               = 0.8
70.  weight_replace_rate              = 0.1
71.
72.  [DefaultSpeciesSet]
73.  # genomic distance,小于此距离被认为是同一物种
74.  compatibility_threshold          = 3.0
75.
76.  [DefaultStagnation]
77.  species_fitness_func             = max
78.  max_stagnation                   = 20
79.  species_elitism                  = 2
80.
81.  [DefaultReproduction]
82.  elitism                          = 2             # 保留最优的个体遗传到下一代的个数
83.  survival_threshold               = 0.2           # 每一代每个物种的存活率
```

3）主函数

```python
1.  # /chapter6/6_2_3_Neat/xor.ipynb
2.  from __future__ import print_function
3.  import os
4.  import neat
5.  import visualize
6.
7.  # XOR(异或)的输入/输出数据
8.  xor_inputs = [(0.0, 0.0), (0.0, 1.0), (1.0, 0.0), (1.0, 1.0)]
9.  xor_outputs = [   (0.0,),     (1.0,),     (1.0,),     (0.0,)]
10.
11.
12. def eval_genomes(genomes, config):
13.     # 评估函数
14.     for genome_id, genome in genomes:
15.         genome.fitness = 4.0
16.         net = neat.nn.FeedForwardNetwork.create(genome, config)
17.         for xi, xo in zip(xor_inputs, xor_outputs):
18.             output = net.activate(xi)
19.             genome.fitness -= (output[0] - xo[0]) ** 2
20.
21.
22. def run(config_file):
23.     # 读取配置文件
24.     config = neat.Config(neat.DefaultGenome, neat.DefaultReproduction,
25.                          neat.DefaultSpeciesSet, neat.DefaultStagnation,
26.                          config_file)
27.
28.     # 创建种群
29.     p = neat.Population(config)
30.
31.     # 打印训练过程
32.     p.add_reporter(neat.StdOutReporter(True))
33.     stats = neat.StatisticsReporter()
34.     p.add_reporter(stats)
35.     p.add_reporter(neat.Checkpointer(5))
36.
37.     # 迭代300次
38.     winner = p.run(eval_genomes, 300)
39.
40.     # 显示最佳网络
41.     print('\nBest genome:\n{!s}'.format(winner))
42.     print('\nOutput:')
43.     winner_net = neat.nn.FeedForwardNetwork.create(winner, config)
```

```
44.     for xi, xo in zip(xor_inputs, xor_outputs):
45.         output = winner_net.activate(xi)
46.         print("input {!r}, expected output {!r}, got {!r}".format(xi, xo, output))
47.
48.     node_names = {-1:'A', -2:'B', 0:'A XOR B'}
49.     visualize.draw_net(config, winner, True, node_names = node_names)
50.     visualize.plot_stats(stats, ylog = False, view = True)
51.     visualize.plot_species(stats, view = True)
52.
53.     p = neat.Checkpointer.restore_checkpoint('neat-checkpoint-4')
54.     p.run(eval_genomes, 10)
55.
56.
57. if __name__ == '__main__':
58.     config_path = os.path.join('config-feedforward')
59.     run(config_path)
```

4）实验结果

生成的.svg后缀文件用谷歌浏览器打开即可。实验结果显示的是遗传拓扑神经网络的结构图与其适应度（fitness）趋势，如图6.4与图6.5所示。大家在掌握了整个流程之后，可以把官方代码下载下来，调一下配置文件，就可以运行了。有些读者可能想自己定义一个新的交叉或者变异操作，这就需要对NEAT算法的源码修改相应的代码了。

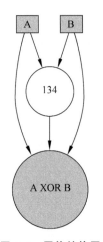

图6.4 网络结构图

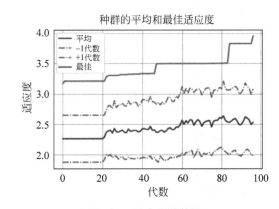

图6.5 适应度趋势图

6.3 总结

本章讲解了遗传算法与神经网络相结合的知识点。

最后总结一下，由于近几年来算力与存储的提升，遗传算法与深度学习的结合逐渐走入人们的视野,不过应用比较广泛的领域仍然是强化学习。究其原因是强化学习的本质和遗传算法一致,都是适者生存,不适者淘汰。例如有人用 NEAT 算法训练了个超级马里奥,其实就是训练一个机器人在游戏环境中生存,适应度函数可以定义为在游戏里的得分抑或在游戏中的存活时间,在迭代过程中,存活下来的机器人一定是对当前环境反馈最佳的。

当然了,这里提及两期遗传算法的实验,主要是想让大家对比其中异同,掌握遗传算法的流程精髓,顺带了解一下强化学习的本质。

第 7 章 迁移学习与计算机视觉

CHAPTER 7

作为一种新的分类平台,深度学习最近已受到研究人员越来越多的关注,并已成功地应用于许多领域。不过在某些领域如生物信息,由于其数据获取和数据标注都需要进行大量的临床试验,因此很难构建大规模带有标注的高质量数据集,从而限制了它的发展。为此,有人提出了迁移学习,放松了数据获取的假设:只要求训练数据必须独立且与测试数据相同分布(i.i.d.),这促使我们可以使用迁移学习来解决训练数据不足的问题。迁移学习就像在讲述一个站在巨人肩膀的故事。随着越来越多深度学习应用场景的出现,人们不可避免会去想,如何利用已训练的模型去完成相类似的任务,毕竟重新训练一个优秀的模型需要耗费大量的时间和算力,而在前人的模型进行改进,进而举一反三无疑是最好的办法。本章将给大家介绍迁移学习与计算机视觉的故事。

7.1 计算机视觉

视频讲解

计算机视觉的任务是识别和理解图像或者视频中的内容。如今,互联网上超过70%的数据是图像或者视频,全世界的摄像头数目已超过人口数,每天有数以亿计小时的视频数据生成。因此,我们需要自动化的计算机视觉技术才能处理如此大的数据量,这也是近年来计算机视觉能够蓬勃发展的原因。接下来,笔者将介绍计算机视觉的4个基础任务。

7.1.1 图像分类

给定一张输入图像,图像分类(Image classification)任务只要判断出该图像的类别即可。

7.1.2 目标检测

目标检测(Object detection)是将图像中出现的不同类别的目标识别出来,如图 7.1 所示。

图 7.1 目标检测示意图[9]

7.1.3 语义分割

语义分割(Semantic segmentation)是目标检测更进阶的任务,目标检测只需要圈出每个目标的包围盒,语义分割则需要判断图像中哪些像素对应于哪些目标,也就是对图像中的每一个像素进行分类,如图 7.2 所示。

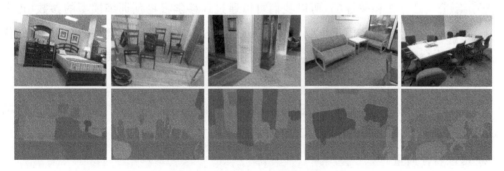

图 7.2 语义分割示意图[10]

7.1.4 实例分割

实例分割(Instance segmentation)则是目标检测与语义分割的综合任务。语义分割不区分属于相同类别的不同实例。当图像中有两个人时,语义分割会将所有人的像素预测为"人"这个类别。实例分割则需要区分出"人"这个类别下每一个人的实例,如图 7.3 所示。

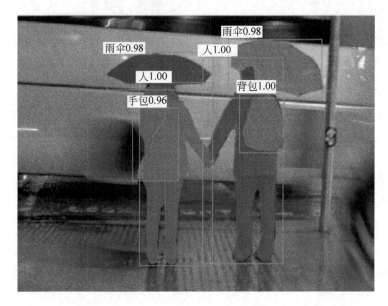

图 7.3　实例分割示意图[11]

7.2　计算机视觉遇上迁移学习

视频讲解

迁移学习(Transfer learning)顾名思义就是将训练好的模型(预训练模型)参数迁移到新的模型来优化新模型训练。因为大部分的数据和任务是存在相关性的,所以我们可以通过迁移学习将预训练模型的参数(也可理解为预训练模型学到的知识)通过某种方式迁移到新模型,进而加快并优化模型的学习效率。其中,实现迁移学习有以下 3 种方式。

1) 直接迁移

冻结预训练模型的全部卷积层,删除预训练模型的全连接层,添加并训练自己定制的全连接层。

2) 提取特征向量

抽取预训练模型的卷积层对所有数据的特征向量,将特征向量灌入自己定制的全连接网络。

3) 微调(Fine-Tune)

冻结预训练模型的部分卷积层,甚至不冻结任何网络层,训练非冻结层和自己定制的全连接层。

接下来笔者将通过 Karen Simonyan 等人[12]提出的 VGG16 模型和 Saining Xie 等人[13]提出的 ResNeXt 来介绍计算机视觉是如何站在迁移学习的肩膀上发扬光大的。

7.2.1 VGG

VGG 是由牛津的 Visual Geometry Group 提出的预训练模型，所以 VGG 名字的由来就是取这 3 个单词的首字母。VGG16 采用的结构非常简洁，整个网络都使用了同样大小的卷积核尺寸(3×3)和最大池化层(2×2)，VGG 的结构有两种，分别是 16 层结构(13 个卷积层与 3 个全连接层)与 19 层结构(16 个卷积层与 3 个全连接层)，如表 7.1 和图 7.4 所示。至于为什么采用 3×3 的卷积核，原因也很简单：对于给定的感受野，使用堆叠的小卷积核优于采用大的卷积核，因为多层非线性层的堆叠能够增加网络深度，从而保证模型能够学习更复杂的模式，而且小卷积核的参数更少，所以整个网络的计算代价比较小。

表 7.1 VGG16 与 VGG19 超参数设置

VGG16	VGG19
Conv3-64	Conv3-64
Conv3-64	**Conv3-64**
Max Pool	
Conv3-128	Conv3-128
Conv3-128	**Conv3-128**
Max Pool	
Conv3-256	Conv3-256
Conv3-256	Conv3-256
Conv3-256	Conv3-256
	Conv3-256
Max Pool	
Conv3-512	Conv3-512
Conv3-512	Conv3-512
Conv3-512	Conv3-512
	Conv3-512
Max Pool	
Conv3-512	Conv3-512
Conv3-512	Conv3-512
Conv3-512	Conv3-512
	Conv3-512
Max Pool	
FC-4096	
FC-4096	
FC-1000	
Soft-Max	

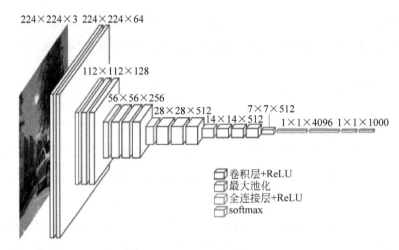

图 7.4　VGG16 结构图（图片来源于 https://blog.heuritech.com/2016/02/29/a-brief-report-of-the-heuritech-deep-learning-meetup-5）

7.2.2　VGG16 与图像分类

图像分类是计算机视觉任务中最基础也是最简单的任务。在 7.2.1 节我们提到的 3 种实现迁移学习的手段，都可以用于图像分类任务，整体的思路就是拆掉 VGG16 的全连接层，定制自己的全连接层，以适应我们当前的任务。举个例子，假如我们需要训练一个 3 分类模型，而 VGG16 可以识别 1000 类的物体。我们当然不需要识别这么多类别的模型，因为 VGG16 一半以上的参数是来自全连接层的，而拆掉全连接层对图像任务几乎没有影响。为此，我们可以拆掉 VGG16 的全连接层，而后再添加一个识别 3 分类的全连接层结构，这样就大大减少了我们模型的参数，而且我们的定制模型还可以借助 VGG16 卷积层学到的知识更好地完成图像分类任务。

7.2.3　VGG16 与目标检测

视频讲解

目标检测的任务是将图像中不同种类的目标圈出来，而 VGG16 在目标检测任务中则是扮演充当图像特征抽取器的角色。当前，目标检测有很多种算法如 YOLO、RCNN、fast RCNN 和 Faster RCNN 等。我们只需要学习最新、最强的目标检测算法即可，为此，笔者将介绍由 Shaoqing Ren 等人[9]提出的当前最优的目标检测算法 Faster RCNN。整个 Faster RCNN 分为四大部分：共享卷积网络、候选检测框生成网络（Region Proposal Networks，RPN）、敏感区域池化（Region of Interest，Pooling，RoI Pooling）和分类层（Classifier），如图 7.5 所示。

1．共享卷积网络

VGG16 模型提取图像特征给 RPN 与 RoI 网络。

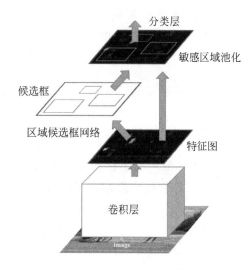

图 7.5 Faster RCNN[9]

2. RPN

对图像特征图生成候选框,如图 7.6 所示。

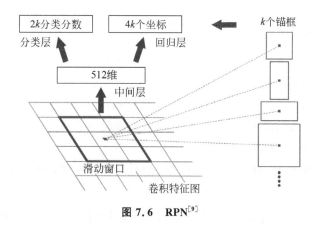

图 7.6 RPN[9]

1) 锚点(anchor)

对每一个点使用 3 种尺寸与 3 种缩放率来生成候选框 anchor(即对特征图中的每一个点初始化 9 个候选框),因此每一张特征图总共有 $W\times H\times k$ 个 anchor,又因为 VGG 输出的特征图有 512 张,因此总的锚点数为 $W\times H\times k\times 512$ 个。其中,W 为宽度,H 为高度,k 为 9。

2) 分类层(cls layer)和回归层(reg layer)

将 512 张特征图上的 anchor 转化为 $W\times H\times 512\times 2k$ 个分类分数(scores)和 $W\times H\times 512\times 4k$ 个坐标(coordinates)。其中,$2k$ scores 被 cls layer 用以分类 anchor 是否属于 positive(positive 代表候选框,negative 代表非候选框),最后我们用 $2\times k$ 的矩阵装载 k 个

anchor 是否属于候选框的概率。输出的矩阵大小为 $W \times H \times 512 \times 2k$。而 $4k$ coordinates 则被 reg layer 用以编码每个 anchor 的 4 个坐标值,如公式(7.1)和公式(7.2)所示。

$$t_x = \frac{x - x_a}{w_a}, \quad t_y = \frac{y - y_a}{h_a}, \quad t_w = \log\frac{w}{w_a}, \quad t_h = \log\frac{h}{h_a} \tag{7.1}$$

$$t_x^* = \frac{x^* - x_a}{w_a}, \quad t_y^* = \frac{y^* - y_a}{h_a}, \quad t_w^* = \log\frac{w^*}{w_a}, \quad t_h^* = \log\frac{h^*}{h_a} \tag{7.2}$$

其中,x_a、y_a、w_a 和 h_a 为 anchor 的中心坐标和长与宽,x、y、w、h 为预测值,x^*、y^*、w^*、h^* 为真实标签值,t_i 和 t_i^* 用来计算损失值 Loss,如公式(7.3)和公式(7.4)所示。

$$L(\{p_i\}, \{t_i\}) = \frac{1}{N_{cls}} \sum_i L_{cls}(p_i, p_i^*) + \lambda \frac{1}{N_{reg}} \sum_i p_i^* L_{reg}(t_i, t_i^*) \tag{7.3}$$

$$L_{reg} = R(t_i - t_i^*) \tag{7.4}$$

其中,i 为 anchor 的索引,如果 anchor 是候选框(正例),则 p_i^* 为 1,否则为 0;L_{cls} 为分类损失函数,R 为 smooth L_1 损失函数。$p_i^* L_{reg}(t_i, t_i^*)$ 意味着回归损失只能被正样本所激活,否则该项为 0,整体的输出由 cls 和 reg 组成,且被 N_{cls}(一般为 batch size 的大小,$N_{cls}=256$)和 N_{reg}(一般为 anchor 位置的数目,$N_{reg} \sim 2400$)及平衡系数 λ(默认为 10)所约束。

3) 训练 RPN 网络

(1) 优化器:Stochastic Gradient Descent (SGD)。

(2) 训练数据:每张图片随机选取 128 个 positive anchors 和 128 个 negative anchors 作为训练样本,若 positive anchors 数目不够,则用 negative anchors 来填充。这样做的好处是避免了负样本过多与训练的 anchors 数目过多的情况,从而保证训练效果。

(3) 损失函数:如公式(7.3)所示。

(4) RPN 网络的输出:$W \times H \times 512 \times 2k$ 的分类特征矩阵和 $W \times H \times 512 \times 4k$ 的坐标回归矩阵。

(5) 候选框(Proposal):结合分类矩阵和坐标矩阵计算出更加精确的候选区域,送入 RoI 层。

总的来说,cls layer 的用途是分类候选框,reg layer 的用途是让预测的坐标值在训练过程中不断接近真实坐标值。

3. RoI Pooling

RPN 在特征图中会产生尺寸不一致的候选框区域,而在 Faster RCNN 中,之后的分类网络输入尺寸固定为 7×7,所以对于任意大小的输入,都用 7×7 的网格覆盖原区域的每一个网格,而后在新形成的区域上,取原先格子覆盖区域内的最大值(Max Pooling)。这样的操作使得任意大小的候选框都能被池化成 7×7 的尺寸,如图 7.7 所示。

4. Classifier

Classifier 部分利用已经获得的候选框特征图(Proposal feature maps),通过全连接层与 softmax 计算每个候选框具体属于哪个类别(如人、车、电视等),输出 cls_prob 概率向量;同时再次利用 bounding box regression 获得每个候选框的位置偏移量 bbox_pred,用于回归更加精确的目标检测框。Classifier 网络结构如图 7.8 所示。

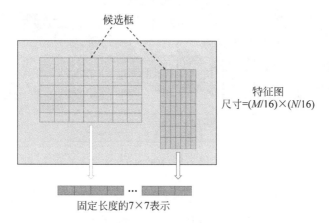

图 7.7　RoI Pooling

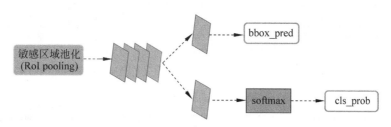

图 7.8　Classifier 网络结构

7.2.4　VGG16 与语义分割

语义分割的任务是将图像每一个像素进行分类,而 VGG16 在目标检测任务中则扮演充当图像编码器的角色。Vijay Badrinarayanan 等人[10]提出的 SegNet 模型可以很好地完成该项任务,模型结构如图 7.9 所示。类似于我们在第 4 章提及的卷积自编码器,SegNet 也是采用 Encoder-Decoder 模式。编码器由 VGG16 的前 13 层组成(即去掉了全连接层),每个卷积层后面跟着批数据归一化(Batch normalization)和 ReLu 激励函数,而译码器和编码器每一层都相对应,最后下接一个 softmax 层来进行分类,进而输出每一个像素的标签。

视频讲解

这个模型最大的亮点是采用了池化索引(Pooling indices),通过记录每一次 Max pooling 的最大值和位置,从而建立索引查询。在上采样(Upsampling)过程中,我们直接利用记录的索引恢复像素,从而达到定向恢复相应值的效果,进而达到分类更加精细的目标。而且这样做另外的好处是耗费少量存储空间,加快了训练速度。因为我们只是将对应记录的 Max pooling 的最大值放回原来的位置，并不需要通过 Upsampling 来训练学习。Max pooling 与其相对应的 Upsampling 运算过程如图 7.10 所示。

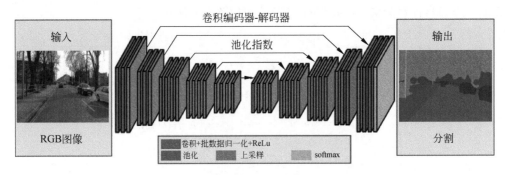

图 7.9　SegNet[10]

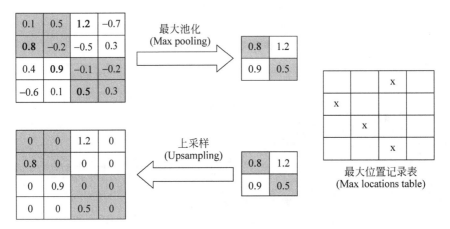

图 7.10　Max pooling 和 Upsampling 运算过程

7.2.5　ResNeXt 与实例分割

视频讲解

　　实例分割的任务是先用目标检测方法将图像中的不同实例框出，再用语义分割方法在不同包围盒内进行逐像素分类，本质上就是目标检测与语义分割的综合任务。Kaiming He 等人[11]提出的 Mask RCNN 模型能完成实例分割任务，模型结构如图 7.11 所示。它整体的网络还是采用 Faster RCNN 的框架结构，只不过在 Faster RCNN 的基础上增加了语义分割方法，也就是多加了一个全连接卷积网络分支，从而将原本的双任务（分类、回归）转换成了三任务（分类、回归、分割）。此时整体网络的 Loss 如公式(7.5)所示。

$$L = L_{cls} + L_{box} + L_{mask} \tag{7.5}$$

　　其中，L_{cls}、L_{box}、L_{mask} 分别是分类、回归、分割的损失函数。

　　与此同时，Mask RCNN 也对网络结构做了相应的改进。

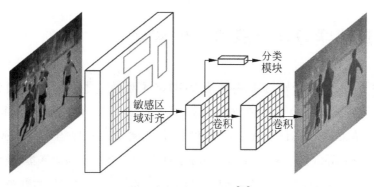

图 7.11 Mask RCNN[11]

1. 使用了更好的特征抽取器如 ResNeXt-101＋FPN 作为基础网络

其中,FPN 是由 Lin 等人[14]提出的一种有效的网络,全称为特征金字塔中间网络(Feature Pyramid Network,FPN)。FPN 使用具有横向连接的、自上而下的体系结构,可以根据单比例输入构建网络内要素金字塔。具有 FPN 的基础网络可以根据特征金字塔的规模从不同级别的功能金字塔中提取 RoI 特征。使用 ResNet-FPN 作为基础网络进行特征提取,可以在准确性和速度上获得出色的收益。

2. RoIAlign

虽然微小偏移对目标检测任务影响不大,但对像素级别分类的实例分割准确率有致命影响。为了解决这个问题,文献[14]提出用敏感区域对齐(RoIAlign)层来解决 RoI Pooling 对特征图量化(即 Max pooling)导致的 mask 与实践物体产生微小偏移的问题,具体操作就是对特征图上每个点插多个值以消除量化影响。如图 7.12 所示,虚线网格表示一个特征图,实线表示 RoI(在此示例中为 2×2 格),RoIAlign 通过双线性插值在一个点中插入多个值,再进行量化,相当于没有执行量化操作或者降低了量化带来的影响。

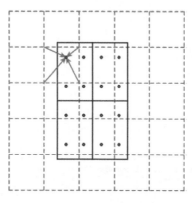

图 7.12 RoIAlign 运算[11]

7.3 迁移学习与计算机视觉实践

视频讲解

本节开始,我们将使用 VGG16 模型做一些小实验,进而巩固我们对迁移学习与计算机视觉理论知识的理解。与第 4 章一样,我们同样基于 fashion MNIST 数据的图像分类做实验。2017 年 8 月,德国研究机构 Zalando Research 在 GitHub 上推出了一个全新的数据集,其中训练集包含 60000 个样例,测试集包含 10000 个样例,分为 10 类,每一类的训练样本数量和测试样本数量相同。样本都来自日常穿的衣、裤、鞋等,每个都是 28×28 的灰度图像,其中总共有 10 类标签,每张图像都有各自的标签。

值得注意的是,VGG16 只能识别尺寸大于 48×48 的彩色图片,而我们的数据集是 28×28 的灰色图片,因此我们在将数据集灌入迁移学习模型前,要对图片数据集进行适当的转换,也就是比第 4 章中传统 CNN 的图像预处理多了一步:将图片转换成 48×48 大小的彩色图片。

7.3.1 实验环境

(1) Anaconda Python 3.7 与 Jupyter Notebook。
(2) Keras。
(3) fashion MNIST 数据集。

7.3.2 实验流程

(1) 加载图像数据。
(2) 图像数据预处理。
(3) 训练模型。
(4) 保存模型与模型可视化。
(5) 训练过程可视化。

7.3.3 代码

```
1.  #chapter7/7_3_Transfer_learning_cnn_image.ipynb
2.  from tensorflow.python.keras.utils import get_file
3.  import gzip
4.  import numpy as np
5.  import keras
6.  from keras.datasets import cifar10
7.  from keras.preprocessing.image import ImageDataGenerator
8.  from keras.models import Sequential, Model
```

```
 9.  from keras.layers import Dense, Dropout, Activation, Flatten
10.  from keras.layers import Conv2D, MaxPooling2D
11.  import os
12.  from keras import applications
13.  import cv2
14.  import functools
15.  from keras.models import load_model
16.  # os.environ["CUDA_VISIBLE_DEVICES"] = "1"    # 使用第 2 个 GPU
```

1. 读取数据与数据预处理

```
 1.  # 数据集与代码放在同一个文件夹即可
 2.  def load_data():
 3.      paths = [
 4.          'train-labels-idx1-ubyte.gz', 'train-images-idx3-ubyte.gz',
 5.          't10k-labels-idx1-ubyte.gz', 't10k-images-idx3-ubyte.gz'
 6.      ]
 7.
 8.      with gzip.open(paths[0],'rb') as lbpath:
 9.          y_train = np.frombuffer(lbpath.read(), np.uint8, offset = 8)
10.
11.      with gzip.open(paths[1],'rb') as imgpath:
12.          x_train = np.frombuffer(
13.              imgpath.read(), np.uint8, offset = 16).reshape(len(y_train), 28, 28, 1)
14.
15.      with gzip.open(paths[2],'rb') as lbpath:
16.          y_test = np.frombuffer(lbpath.read(), np.uint8, offset = 8)
17.
18.      with gzip.open(paths[3],'rb') as imgpath:
19.          x_test = np.frombuffer(
20.              imgpath.read(), np.uint8, offset = 16).reshape(len(y_test), 28, 28, 1)
21.
22.      return (x_train, y_train), (x_test, y_test)
23.
24.  # 读取数据集
25.  (x_train, y_train), (x_test, y_test) = load_data()
26.  batch_size = 32
27.  num_classes = 10
28.  epochs = 5
29.  data_augmentation = True              # 图像增强
30.  num_predictions = 20
31.  save_dir = os.path.join(os.getcwd(),'saved_models_transfer_learning')
32.  model_name = 'keras_fashion_transfer_learning_trained_model.h5'
33.
34.
35.  # 类别为独热编码
36.  y_train = keras.utils.to_categorical(y_train, num_classes)
```

```
37.  y_test = keras.utils.to_categorical(y_test, num_classes)
38.
39.
40.  #MNIST 的输入数据维度是(num, 28, 28),因为 VGG16 需要三维图像,所以扩充 MNIST 的最后
     一维
41.  X_train = [cv2.cvtColor(cv2.resize(i, (48, 48)), cv2.COLOR_GRAY2RGB) for i in x_train]
42.  X_test = [cv2.cvtColor(cv2.resize(i, (48, 48)), cv2.COLOR_GRAY2RGB) for i in x_test]
43.
44.  x_train = np.asarray(X_train)
45.  x_test = np.asarray(X_test)
46.
47.  x_train = x_train.astype('float32')
48.  x_test = x_test.astype('float32')
49.
50.  x_train /= 255                       # 归一化
51.  x_test /= 255                        # 归一化
```

2. 迁移学习建模

```
1.   # 使用 VGG16 模型
2.   # 将 VGG16 的卷积层作为基底网络
3.   base_model = applications.VGG16(include_top = False, weights = 'imagenet', input_shape = x
     _train.shape[1:])   # 第 1 层需要指出图像的大小
4.   print(x_train.shape[1:])
5.
6.   model = Sequential()    # 自定义网络
7.   print(base_model.output)
8.   model.add(Flatten(input_shape = base_model.output_shape[1:]))
9.   model.add(Dense(256, activation = 'relu'))
10.  model.add(Dropout(0.5))
11.  model.add(Dense(num_classes))
12.  model.add(Activation('softmax'))
13.
14.  # 将 VGG16 模型与自己构建的模型合并
15.  model = Model(inputs = base_model.input, outputs = model(base_model.output))
16.
17.  # 保持 VGG16 的前 15 层权值不变,即在训练过程中不训练
18.  for layer in model.layers[:15]:
19.      layer.trainable = False
20.
21.  # 初始化优化器
22.  opt = keras.optimizers.rmsprop(lr = 0.0001, decay = 1e - 6)
23.
24.  # 使用 RMSprop 训练模型
25.  model.compile(loss = 'categorical_crossentropy',
```

```
26.                optimizer = opt,
27.                metrics = ['accuracy'])
```

```
(48, 48, 3)
Tensor("block5_pool_1/MaxPool:0", shape = (?, 1, 1, 512), dtype = float32)
```

3. 训练

```
1.   if not data_augmentation:                  # 是否选择数据增强
2.       print('Not using data augmentation.')
3.       history = model.fit(x_train, y_train,
4.                 batch_size = batch_size,
5.                 epochs = epochs,
6.                 validation_data = (x_test, y_test),
7.                 shuffle = True)
8.   else:
9.       print('Using real-time data augmentation.')
10.      datagen = ImageDataGenerator(
11.          featurewise_center = False,
12.          samplewise_center = False,
13.          featurewise_std_normalization = False,
14.          samplewise_std_normalization = False,
15.          zca_whitening = False,
16.          zca_epsilon = 1e-06,
17.          rotation_range = 0,
18.          width_shift_range = 0.1,
19.          height_shift_range = 0.1,
20.          shear_range = 0.,
21.          zoom_range = 0.,
22.          channel_shift_range = 0.,
23.          fill_mode = 'nearest',
24.          cval = 0.,
25.          horizontal_flip = True,
26.          vertical_flip = False,
27.          rescale = None,
28.          preprocessing_function = None,
29.          data_format = None,
30.          validation_split = 0.0)
31.
32.      datagen.fit(x_train)
33.      print(x_train.shape[0]//batch_size)        # 取整
34.      print(x_train.shape[0]/batch_size)         # 保留小数
35.      # 按 batch_size 大小从 x,y 生成增强数据
36.      history = model.fit_generator(datagen.flow(x_train, y_train,
```

```
37.                                    batch_size = batch_size),
38.                    epochs = epochs,
39.                    steps_per_epoch = x_train.shape[0]//batch_size,
40.                    validation_data = (x_test, y_test),
41.        # 在使用基于进程的线程时,最多需要启动的进程数量
42.                    workers = 10
43.                    )
```

```
Using real-time data augmentation.
1875
1875.0
Epoch 1/5
1875/1875 [==============================] - 1144s 610ms/step - loss: 0.4936 - acc: 0.8304 - val_loss: 0.3751 - val_acc: 0.8639
Epoch 2/5
1875/1875 [==============================] - 855s 456ms/step - loss: 0.3874 - acc: 0.8690 - val_loss: 0.3440 - val_acc: 0.8810
Epoch 3/5
1875/1875 [==============================] - 825s 440ms/step - loss: 0.3633 - acc: 0.8799 - val_loss: 0.3488 - val_acc: 0.8914
Epoch 4/5
1875/1875 [==============================] - 1563s 834ms/step - loss: 0.3491 - acc: 0.8855 - val_loss: 0.3238 - val_acc: 0.8998
Epoch 5/5
1875/1875 [==============================] - 1929s 1s/step - loss: 0.3443 - acc: 0.8911 - val_loss: 0.3749 - val_acc: 0.8878
```

4. 保存模型与模型可视化

```
1. model.summary()     # 模型可视化
2. # 保存模型
3. if not os.path.isdir(save_dir):
4.     os.makedirs(save_dir)
5. model_path = os.path.join(save_dir, model_name)
6. model.save(model_path)
7. print('Saved trained model at %s ' % model_path)
```

5. 训练过程可视化

```
1. import matplotlib.pyplot as plt
2. # 绘制训练 & 验证的准确率值
3. plt.plot(history.history['acc'])
4. plt.plot(history.history['val_acc'])
5. plt.title('Model accuracy')
6. plt.ylabel('Accuracy')
```

```
7.  plt.xlabel('Epoch')
8.  plt.legend(['Train', 'Valid'], loc = 'upper left')
9.  plt.savefig('tradition_cnn_valid_acc.png')
10. plt.show()
11.
12. # 绘制训练 & 验证的损失值
13. plt.plot(history.history['loss'])
14. plt.plot(history.history['val_loss'])
15. plt.title('Model loss')
16. plt.ylabel('Loss')
17. plt.xlabel('Epoch')
18. plt.legend(['Train', 'Valid'], loc = 'upper left')
19. plt.savefig('tradition_cnn_valid_loss.png')
20. plt.show()
```

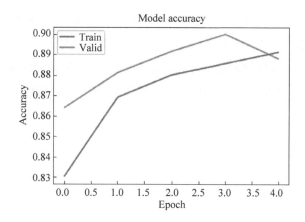

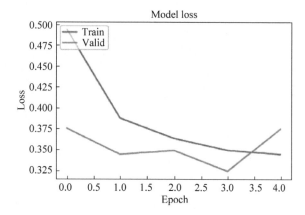

7.3.4　结果分析

正如本章介绍的迁移学习原理所述，上述代码就是拆掉了输出层并冻结了 VGG16 模型前 15 层的权值，VGG16 之后下接我们想要的输出层，进而就能得到我们想要的训练模型了。其余的操作和第 4 章传统的 CNN 模型并没有太大区别。不过，我们使用迁移学习只跑了 5 个 Epoch，准确率就已经可以到 0.90 了。第 4 章的实验，我们同样跑了 5 个 Epoch，准确率却只在 0.81 左右。因此，借用迁移学习的力量，我们能更出色地完成图像分类任务。

当然了，大家也可以选择不冻结 VGG16 的部分或者全部卷积层，让非冻结层与定制的网络一起训练。

7.4 总结

本章介绍了计算机视觉的四大基础任务和迁移学习的基本原理与用途。在大多数实际应用中，我们通常将迁移学习与计算机视觉结合使用以获得更好的效果。当前大多数研究集中在有监督的学习上，如何通过深度神经网络在无监督或半监督学习中转移知识在未来也必将会引起越来越多的关注。此外，深度神经网络中的转移知识需要有更强大的物理支持，这需要物理学家、神经科学家和计算机科学家的合作。我们可以预见，随着深度神经网络的发展，深度迁移学习将被广泛应用于解决许多具有挑战性的问题上。

第 8 章 迁移学习与自然语言处理

CHAPTER 8

我们在第 7 章介绍了迁移学习与计算机视觉的故事,不过好故事并没有这么快结束。迁移学习一路前行,走进了自然语言处理的片场。迁移学习在自然语言处理(NLP)领域同样也是一种强大的技术。由这种技术训练出来的模型,称为预训练模型。预训练模型首先要针对数据丰富的任务进行预训练,然后再针对下游任务进行微调,以达到下游任务的最佳效果。迁移学习的有效性引起了理论和实践的多样性,人们通过将迁移学习与自然语言处理两者相结合,高效地完成了各种 NLP 的实际任务。

8.1 自然语言处理预训练模型

视频讲解

使语言建模和其他学习问题变得困难的一个基本问题是维数的"诅咒"。在人们想要对许多离散的随机变量(例如句子中的单词或数据挖掘任务中的离散属性)之间的联合分布建模时,这一点尤其明显。举个例子,假如我们有 10000 个单词的词汇表,我们要对它们进行离散表示,这样用 One-hot 编码整个词汇表就需要 10000×10000 的矩阵,而 One-hot 编码矩阵存在很多"0"值,显然浪费了绝大部分的内存空间。为了解决维度"诅咒"带来的问题,人们开始使用低维度的向量空间来表示单词,从而减少运算资源的损耗,这也是预训练模型思想的开端。

8.1.1 Word2Vec

在 4.7.2 节的实验中,我们提及了 Skip-gram 模型,它就是 Yoshua Bengio 等人[2]提出的经典 Word2Vec 模型之一。Word2Vec 模型对 NLP 任务的效果有显著的提升,并且能够利用更长的上下文。对于 Word2Vec 具体的原理与应用,4.7.2 节已经进行了详细的讲解,而且本章的主角并不是它,所以此处就不再赘述。

8.1.2 BERT

在 2018 年,是什么震惊了 NLP 学术界?毫无疑问是 Jacob Devlin 等人[15]提出的预训练模型(Bidirectional Encoder Representations from Transformers，BERT)。BERT 被设计为通过在所有层的双向上下文上共同进行条件化来预训练未标记文本的深层双向表示。我们可以在仅一个附加输出层的情况下对经过预训练的 BERT 模型进行微调，以创建适用于各种任务(例如问题解答和语言推断)的最新模型，进而减少对 NLP 任务精心设计特定体系结构的需求。BERT 是第一个基于微调的表示模型，可在一系列句子级和字符级任务上实现最先进的性能，优于许多特定于任务的体系结构。通俗易懂来讲就是我们只需要把 BERT 当成一个深层次的 Word2Vec 预训练模型，对于一些特定的任务，我们只需要在 BERT 之后下接一些网络结构就可以出色地完成这些任务。另外，2018 年底提出的 BERT 推动了 11 项 NLP 任务的发展。BERT 的结构是来自 Transformers 模型的 Encoder，Transformers 如图 8.1 所示。我们从图 8.1 中可以看到 Transformers 的内部结构是由 Ashish Vaswani 等人[16]提出的自注意层(Self-Attention Layer)和层归一化(Layer Normalization)的堆叠而产生。

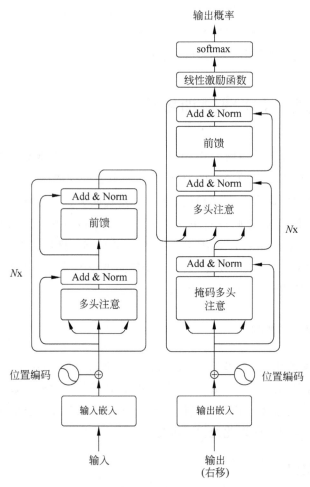

图 8.1　Transformers(左图为 Encoder，右图为 Decoder)[16]

1. Self-Attention Layer 原理

1) Self-Attention Layer 的出现原因

为了解决 RNN、LSTM 等常用于处理序列化数据的网络结构无法在 GPU 中并行加速计算的问题。

2) Self-Attention Layer 的输入

如图 8.2 所示，将输入的 Input 转化成 Token Embedding + Segment Embedding + Position Embedding。因为有时候训练样本是由两句话组成，因此[CLS]用来分类输入的两句话是否有上下文关系，而[SEP]则是用以分开两句话的标志符。其中，因为这里的 Input 是英文单词，所以在灌入模型之前，需要用 BERT 源码的 Tokenization 工具对每一个单词进行分词，分词后的形式如图 8.2 中 Input 的 Playing 转换成 Play + ♯♯ing。因为英文词汇表是通过词根与词缀的组合来新增单词语义的，所以我们选择用分词方法可以减少整体的词汇表长度。如果是中文字符，输入就不需要分词，整段话的每一个字用"空格"隔开即可。值得注意的是，模型是无法处理文本字符的，所以不管英文还是中文，我们都需要通过预训练模型 BERT 自带的字典 vocab.txt 将每一个字或者单词转换成字典索引(即 id)输入。

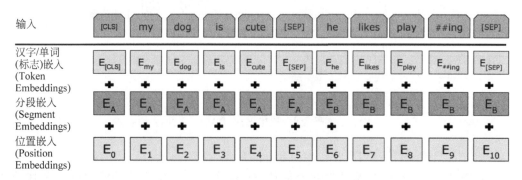

图 8.2 Self-Attention 的输入[15]

(1) 分段嵌入(Segment Embedding)的目的：有些任务是两句话一起放入输入 X，而 Segment 便是用来区分这两句话的。在 Input 里用[SEP]作为标志符号。而[CLS]用来分类输入的两句话是否有上下文关系。

(2) 位置嵌入(Position Embedding，PE)的目的：因为我们的网络结构没有 RNN 或者 LSTM，因此无法得到序列的位置信息，所以需要构建一个 Position Embedding。构建 Position Embedding 有两种方法：BERT 是初始化一个 Position Embedding，然后通过训练将其学出来；而 Transformer 是通过制订规则来构建一个 Position Embedding，使用正弦函数，位置维度对应曲线，而且方便序列之间的选对位置，使用正弦比使用余弦好的原因是可以在训练过程中，将原本序列外拓成比原来序列还要长的序列，如公式(8.1)和公式(8.2)所示。

$$PE_{(pos,2i)} = \sin(pos/10000^{2i/d_{model}}) \tag{8.1}$$

$$PE_{(pos,2i+1)} = \cos(pos/10000^{2i/d_{model}}) \tag{8.2}$$

3) Self-Attention Layer 的内部运算逻辑

首先,将 Q 与 K 矩阵乘积并 Scale(为了防止结果过大,除以它们维度的均方根);其次,将其灌入 softmax 函数得到概率分布,最后再与 V 矩阵相乘,得到 Self-Attention 的输出,如公式(8.3)所示。其中,(Q,K,V) 均来自同一输入 X,它们是 X 分别乘上 W_Q,W_K,W_V 初始化权值矩阵所得,而后这 3 个权值矩阵会在训练的过程中确定下来,如图 8.3 所示。

$$\text{Attention}(Q,K,V) = \text{softmax}\left(\frac{QK^T}{\sqrt{d_k}}\right)V \tag{8.3}$$

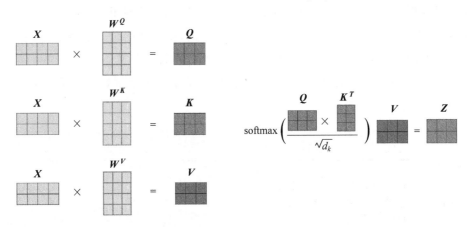

图 8.3 初始化 (Q,K,V)

4) Multi-Head Self-Attention

通过线性(Linear)投影来初始化不同的 (Q,K,V),将多个单头的结果融合会比单头 Self-Attention 的效果好。我们可以将初始化不同的 (Q,K,V) 理解为单头从不同的方向去观察文本,这样使 Self-Attention 更加具有"大局观"。整体的运算逻辑就是 Multi-Head Self-Attention 将多个不同单头的 Self-Attention 输出 Concat 成一条,然后再经过一个全连接层降维输出,如图 8.4 所示。

2. Layer Normalization

Self-Attention 的输出会经过层归一化(Layer Normalization),为什么选择 Layer Normalization 而不是批归一化(Batch Normalization)?此时,我们应该先对我们的数据形状有个直观的认识,当一个 Batch 的数据输入模型的时候,形状是长方体,如图 8.5 所示,大小为(Batch-Size, Max-Len, Embedding),其中 Batch-Size 为 Batch 的批数,Max-Len 为每一批数据的序列最大长度,Embedding 则为每一个单词或者字的 Embedding 维度大小。而 Batch Normalization 是对每个 Batch 的每一列做 Normalization,相当于对 Batch 里相同位置的字或者单词 Embedding 做归一化,Layer Normalization 是对 Batch 的每一行做 Normalization,相当于对每句话的 Embedding 做归一化。显然,Layer Normalization 更加符合我们处理文本的直觉。

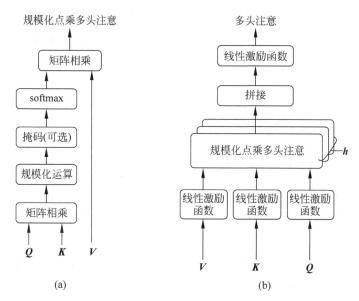

图 8.4　Multi-Head Self-Attention。(a) 单头 Self-Attention 运算逻辑;(b) 多头 Self-Attention 运算逻辑[16]

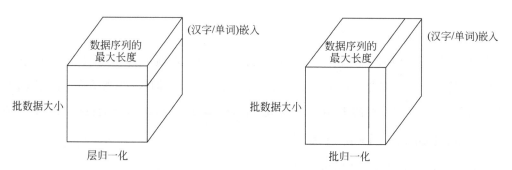

图 8.5　层归一化与批归一化

3. BERT 预训练

BERT 预训练如图 8.6 所示。

1) 预训练过程是生成 BERT 模型的过程

一般来说,个人不用自己训练一个 BERT 预训练模型,都是直接调用模型的权重,进行微调(Fine-Tune)以适应当前特定任务,但我们可以了解一下 BERT 是怎样训练出来的。

2) 输入 X

X 是 Self-Attention Layer 的输入,利用字典将每一个字或者单词用数字表示,并转换成 Token Embedding + Segment Embedding + Position Embedding。序列的长度一般有

512 或者 1024，不足用[PAD]补充。句子开头第一个位置用[CLS]表示，如果是输入两句话，则用[SEP]隔开。

3）MaskLM 策略

对于输入 X，15%的字或者英文单词采用随机掩盖策略。对于这 15%的字或者英文单词，80%的概率用[mask]替换序列中的某个字或者英文单词，10%的概率替换序列中的某个字或者英文单词，10%的概率不做任何变换。

4）训练语料总量

330 亿。

5）预训练

NLP 与计算机视觉预训练同时进行。

（1）预测被掩盖的字或者英文单词(MaskLM)。

（2）预测两句话之间是否有顺序关系(Next Sentence Prediction)。

这里需要补充说明的是 NLP 的预训练模型与计算机视觉的预训练模型有些不同，NLP 的预训练方式采用的是无监督学习，即我们不需要人工打标签，而计算机视觉则需要对图像进行人工分类。因为 NLP 的预训练只是预测被掩盖的单词或者字，以及判断两段话是否有顺序关系，这些只需要写个小程序就可以轻松得到相应的标签，无须人工进行大量的标记。

6）BERT 模型权重

最后经过大量语料的无监督学习，我们得到了 BERT 预训练模型，BERT 自带字典 vocab.txt 的每一个字或者单词都被 768 维度的 Embedding（即权重）所表示。当我们需要完成特定任务时，若对它们的 Embedding 进行微调（即 Fine-Tune），还能更好地适应任务。

4. BERT 的 Fine-Tune 过程

Fine-Tune 过程如图 8.6 所示。

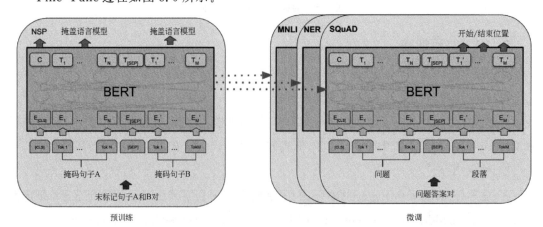

图 8.6　预训练与 Fine-Tune 过程[15]

可以选择是否Fine-Tune,如果不选择Fine-Tune,那就是简单地使用BERT的权重,把它完全当成文本特征提取器使用;若使用Fine-Tune,则相当于在训练过程中微调BERT的权重,以适应我们当前的任务。

文献[17]提及如果选择下面这几个参数进行Fine-Tune调参,任务的完成度会比较好。

(1) Batch Size:16 或 32。

(2) Learning Rate：5e-5, 3e-5, 2e-5。

(3) Epochs:2, 3, 4。

8.1.3　RoBERTa

视频讲解

语言模型的预训练带来了可观的性能提升,但是不同方法之间的仔细比较是一项艰巨的任务。Yinhan Liu 等人[17]认为超参数的选择对最终结果有重大影响,为此他们提出了BERT预训练的重复研究,其中包括对超参数调整和训练集大小的影响的仔细评估。最终,他们发现了BERT训练的不足,并提出了一种改进的模型来训练BERT模型(A Robustly Optimized BERT Pre-training Approach,RoBERTa),该模型可以媲美或超过所有Post-BERT的性能。而且他们对超参数与训练集的修改也很简单,它们包括:

(1) 训练模型时间更长,Batch Size更大,数据更多。

(2) 删除下一句预测目标(Next Sentence Prediction)。

(3) 对较长序列的训练。

(4) 动态掩盖应用于训练数据的掩盖模式。在BERT源码中,随机掩盖和替换在开始时只执行一次,并在训练期间保存,我们可以将其看成静态掩盖。BERT的预训练依赖于随机掩盖和预测被掩盖字或者单词。为了避免在每个Epoch中对每个训练实例使用相同的掩盖,文献[18]的作者将训练数据重复10次,以便在40个Epoch中以10种不同的方式对每个序列进行掩码。因此,每个训练序列在训练过程中都会看到相同的掩盖4次。他们将静态掩盖与动态掩盖进行了比较,实验证明了动态掩盖的有效性。

(5) 他们还收集了一个大型新数据集(CC-NEWS),其大小与其他私有数据集相当,以更好地控制训练集大小效果。

(6) 使用 Sennrich[18]等人提出的 Byte-Pair Encoding(BPE)字符编码,它是字符级和单词级表示之间的混合体,可以处理自然语言语料库中常见的大词汇,避免训练数据出现更多的[UNK]标志符号,从而影响预训练模型的性能。其中,[UNK]标记符表示当在BERT自带字典vocab.txt找不到某个字或者英文单词时,则用[UNK]表示。

8.1.4　ERNIE

受到BERT掩盖策略的启发,Yu Sun 等人[19]提出了一种新的语言表示模型ERNIE (Enhanced Representation through kNowledge IntEgration)。ERNIE旨在学习通过知识

掩盖策略增强模型性能,其中包括实体级掩盖和短语级掩盖,两者对比如图 8.7 所示。实体级策略可掩盖通常由多个单词组成的实体。短语级策略掩盖由几个单词组合成一个概念单元组成的整个短语。实验结果表明,ERNIE 优于其他基准方法,在 5 种中文自然语言处理上获得的最新结果任务包括自然语言推理、语义相似性、命名实体识别、情感分析和问题解答。他们还证明 ERNIE 在完形填空测试中具有更强大的知识推理能力。知识掩盖策略如图 8.8 所示。

图 8.7　3 种掩盖策略对比[19]

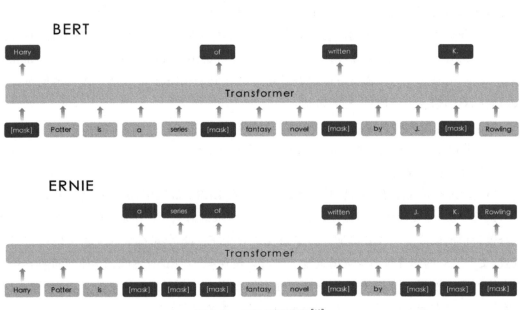

图 8.8　知识掩盖策略[19]

8.1.5　BERT_WWM

BERT 已在各种 NLP 任务中取得了惊人的改进,因此基于 BERT 的改进模型接踵而至,带有全字掩码(Whole Word Masking)的 BERT 升级版本 BERT_WWM 便是其中之一,它减轻了预训练过程中掩码部分 Word Piece 字符的弊端。其中,Word Piece 字符其实就是 8.1.2 节介绍的英文单词分词,在将英文单词灌入模型之前,我们需要将其转换成词根+词缀形式,如 Playing 转换成 Play+##ing。如果我们使用原生 BERT 的随机掩盖,可能会掩盖 Play 或者##ing,或者同时掩盖两者,但如果我们使用全字掩盖,则一定是掩盖两者。

Yiming Cui 等人[20]对中文文本也进行了全字掩码,这会掩盖整个词组,而不是掩盖中文字符。实验结果表明,整个中文词组被掩盖可以带来显著的收益。BERT_WWM 的掩盖策略本质上和 ERNIE 是相同的,所以在此就不进行过多的分析了。BERT_WWM 掩盖策略如图 8.9 所示。

```
[Original BERT Input]
使用语言[MASK]型来[MASK]测下一个词的 pro[MASK]##lity。
[Whold Word Masking Input]
使用语言[MASK][MASK]来[MASK][MASK]下一个词的[MASK][MASK][MASK]。
```

图 8.9　BERT_WWM 掩盖策略[20]

8.1.6　NLP 预训练模型对比

Word2Vec 等模型已经比不上 BERT 与后续改进 BERT 的预训练模型了,除非我们对时间与空间复杂度要求非常苛刻,只能用小模型去完成某些特定任务,不然一般都是考虑用 BERT 之类的大模型来提升整体任务的准确率。

8.2　自然语言处理四大下游任务

视频讲解

正如 8.1.2 节所说,BERT 等预训练模型的提出,简化了我们对 NLP 任务精心设计特定体系结构的需求,我们只需在 BERT 等预训练模型之后接一些网络结构,即可出色地完成特定任务。原因也非常简单,BERT 等预训练模型通过大量语料的无监督学习,已经将语料中的知识迁移进了预训练模型的 Embedding 中,为此我们只需针对特定任务增加结构来进行微调,即可适应当前任务,这也是迁移学习的魔力所在。BERT 在概念上很简单,在经验上也很强大。它推动了 11 项自然语言处理任务的最新技术成果,而这 11 项 NLP 任务可分类为四大自然语言处理下游任务。为此,笔者将以 BERT 预训练模型为例,对自然语言处理的四大下游任务进行介绍。

8.2.1　句子对分类任务

1. MNLI

Williams 等人[21]提出的多体自然语言推理(Multi-Genre Natural Language Inference,MNLI)是一项大规模的分类任务。给定一对句子,目标是预测第 2 个句子相对于第 1 个句子是包含、矛盾还是中立。

2. QQP

Chen 等人[22]提出的 Quora Question Pairs(QQP)是一个二分类任务,目标是确定在 Quora 上询问的两个问题在语义上是否等效。

3. QNLI

Wang 等人[23]提出的 Question Natural Language Inference(QNLI)是 Stanford Question Answering 数据集[24]的一个版本,该数据集已转换为二分类任务。正例是{问题,句子}对,它们确实包含正确答案,而负例是同一段中的{问题,句子},不包含答案。

4. STS-B

Cer 等人[25]提出的语义文本相似性基准(The Semantic Textual Similarity Benchmark,STS-B)是从新闻头条和其他来源提取的句子对的集合。它们用 1 到 5 的分数来标注,表示这两个句子在语义上有多相似。

5. MRPC

Dolan 等人[26]提出的 Microsoft Research Paraphrase Corpus(MRPC)由自动从在线新闻源中提取的句子对组成,并带有人工标注,以说明句子对中的句子在语义上是否等效。

6. RTE

Bentivogli 等人[27]提出的识别文本蕴含(Recognizing Textual Entailment,RTE)是类似于 MNLI 的二进制蕴含任务,但是训练数据少得多。

7. SWAG

Zellers 等人[28]提出的对抗生成的情境(Situations With Adversarial Generations,SWAG)数据集包含 11.3 万个句子对,用于评估扎实的常识推理。给定一个句子,任务是在 4 个选择中选择最合理的连续性。其中,在 SWAG 数据集上进行微调时,我们根据如下操作构造训练数据:每个输入序列都包含给定句子(句子 A)和可能的延续词(句子 B)的串联。

如图 8.10(a)所示,句子对分类任务首先需要将两个句子用[SEP]连接起来,并输入模型。然后,我们给预训练模型添加一个简单的分类层,便可以在下游任务上共同对所有参数进行微调了。具体运算逻辑是引入唯一特定于任务的参数是分类层权重矩阵 $[W]_{K \times H}$,并取 BERT 的第一个输入标记[CLS]对应的最后一层向量 $[C]_H$。通过公式(8.4)计算分类损失 Loss,我们就可以进行梯度下降的训练了。

$$\mathrm{Loss} = \log(\mathrm{softmax}([C]_H [W]_{K \times H}^T)) \quad (8.4)$$

其中 K 为标签种类,H 为每个字或者英文单词的隐藏层维度(默认值为 768)。

8.2.2 单句子分类任务

1. SST-2

Socher 等人[30]提出的斯坦福情感树库(Stanford Sentiment Treebank,SST-2)是一种单句二分类任务,包括从电影评论中提取的句子及带有其情绪的人类标注。

2. CoLA

Warstadt 等人[30]提出的语言可接受性语料库(Corpus of Linguistic Acceptability,

CoLA)也是一个单句二分类任务,目标是预测英语句子在语言上是否"可以接受"。

如图 8.10(b)所示,单句子分类任务可以直接在预训练模型中添加一个简单的分类层,而后便可在下游任务上共同对所有参数进行微调了。具体运算逻辑如公式(8.4)所示。

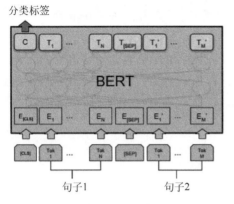

(a) 句子对分类任务：MNLI,QQP,QNLI,
STS-B,MRPC,RTE,SWAG

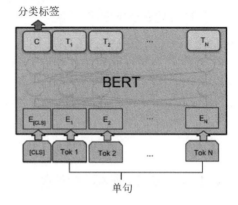

(b) 单句分类任务：SST-2,CoLA

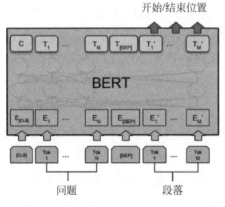

(c) 问答任务：SQuAD v1.1

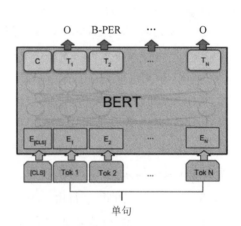

(d) 单句标记任务：CoNLL-2003 NER

图 8.10　NLP 四大下游任务微调插图[15]

8.2.3　问答任务

Rajpurkar 等人[25]提出的斯坦福问答数据集(Stanford Question Answering Dataset,SQuAD)是 10 万个问题/答案对的集合。给定一个问题及 Wikipedia 中包含答案的段落,任务是预测段落中的答案文本范围(start,end)。

到目前为止,所有提出的 BERT 微调方法都是在预训练模型中添加了一个简单的分类层,并且在下游任务上共同对所有参数进行了微调。然而,并非所有任务都可以轻松地由 BERT 体系结构表示,因此需要添加特定于任务的模型体系结构。如图 8.10(c)所示,阅读理解任务首先需要将问题和文本用[SEP]连接起来,并输入模型。然后,我们再将BERT最后一层向量$[C]_{L\times H}$输入到输出层。具体运算逻辑是初始化输出层的权重矩阵$[W]_{K\times H}$,并通过公式(8.5)计算答案指针概率向量 **logit**。

$$\textbf{logit} = [C]_{L\times H}[W]_{K\times H}^{\text{T}} \tag{8.5}$$

其中H为隐藏层维度(默认值为768),L为序列的长度,K为2,表示 **logit** 是个L行2列的矩阵,第1列为答案开头 start 的指针概率向量,第2列为答案结尾 end 的指针概率向量。

因为K为2,所以我们能分别抽出答案的开头 start_logit 和答案的结尾 end_logit。并根据两者与真实答案对(start,end)之间的差值计算 start_loss 和 end_loss,最后求出总的 Loss,如公式(8.6)所示,我们便可以进行梯度下降训练了。

$$\text{Loss} = \frac{\text{start\_loss} + \text{end\_loss}}{2} \tag{8.6}$$

8.2.4 单句子标注任务

单句子标注任务也叫命名实体识别任务(Named Entity Recognition,NER),常见的NER数据集有CoNLL-2003 NER[31]等。该任务是指识别文本中具有特定意义的实体,主要包括人名、地名、机构名、专有名词等,以及时间、数量、货币、比例数值等文字。举个例子,"明朝建立于1368年,开国皇帝是朱元璋。介绍完毕!"那么我们可以从这句话中提取出的实体为:

(1) 机构:明朝。

(2) 时间:1368年。

(3) 人名:朱元璋。

同样地,BERT在NER任务上也不能通过添加简单的分类层进行微调,因此我们需要添加特定的体系结构来完成NER任务。不过,在此之前,我们得先了解一下数据集的格式,如图8.11所示。它的每一行由一个字及其对应的标注组成,标注采用BIO(B表示实体开头,I表示在实体内部,O表示非实体),句子之间用一个空行隔开。如果我们处理的文本含有英文,则标注需采用BIOX,X用于标注英文单词分词之后的非首单词,例如Playing在输入BERT模型前会被BERT自带的Tokenization工具分词为Play和♯♯ing,此时Play会被标注为O,则多余出来的♯♯ing会被标注为X。

了解完整体的数据格式,我们就开始了解整体的NER任务是如何通过BERT来训练的。如图8.10(d)所示,将BERT最后一层向量$[C]_{L\times H}$输入到输出层。具体运算逻辑是初始化输出层的权重矩阵$[W]_{K\times H}$,此时K为1。我们通过公式(8.5)得到句子的概率向量 **logit**,进而知道了每一个字或者英文单词的标注概率。然后,我们可以直接通过计算 **logit** 与真实标签之间的差值得到 Loss,从而开始梯度下降训练。

当然了,我们也可以将 **logit** 灌入 Bi-LSTM 进行学习,因为 Bi-LSTM 能更好地学习文本的上下文关系,最后再下接一个CRF(Conditional Random Field)层拟合真实标签来进行梯度下降训练。

图 8.11　NER 数据格式

至于为何要加入 CRF 层,主要是 CRF 层可以在训练过程中学习到标签的约束条件。例如,B-ORG I-ORG 是正确的,而 B-PER I-ORG 则是错误的;I-PER I-ORG 是错误的,因为命名实体的开头应该是 B-而不是 I-,且两个 I-在同一个实体应该一致。有了这些有用的约束,模型预测的错误序列将会大大减少。

8.3　迁移学习与自然语言处理竞赛实践

实践是检验理论的唯一标准。为此,笔者将通过中国计算机学会举办的 2019 CCF 大数据与计算智能大赛的互联网金融新实体发现竞赛作为实践,让读者们在了解预训练模型强大的同时,顺便掌握打比赛的流程。笔者的代码在竞赛中获得了全国第二的成绩,加之笔者的单模成绩在 TOP5 中最好,以及代码的复用性与解耦性强,值得大家学习与借鉴。

视频讲解

视频讲解

视频讲解

8.3.1 赛题背景

随着互联网的飞速进步和全球金融的高速发展,金融信息呈现爆炸式增长。投资者和决策者在面对浩瀚的互联网金融信息时常常苦于如何高效地获取需要关注的内容。针对这一问题,金融实体识别方案的建立将极大提高金融信息获取效率,从而更好地为金融领域相关机构和个人提供信息支撑。

8.3.2 赛题任务

从提供的金融文本中识别出现的未知金融实体,包括金融平台名、企业名、项目名称及产品名称。持有金融牌照的银行、证券、保险、基金等机构、知名的互联网企业如腾讯、淘宝、京东等和训练集中出现的实体认为是已知实体。

8.3.3 数据说明

1. 数据形式

金融网络文本,包括标题和内容,标题和内容至少有一个不为空。

2. 数据规模

训练集数据量 5000 条,测试集数据量 5000 条。

3. 数据类型

中文自然语言文本。

4. 任务目标

识别文本中出现的所有未知实体。如果同一实体在同一文本中多次出现,识别一次即可;如果同一实体在不同文本中多次出现,每条文本中均需识别。

5. 提交示例

如表 8.1 所示,结果需提交 csv 格式文件,包括文本标识号(id)、识别出的未知实体(unknownEntities),不同字段之间用英文逗号分隔,同一字段内实体用英文分号分隔。

表 8.1 提交示例

id	unknownEntities
2	赚赚熊;会坤集团

6. 评测标准

考查未知实体的识别,对参赛队提交的未知实体识别结果(unknownEntities)基于未知实体集合进行 Micro-Averaging 评测并给出评测分数 MicroF。Micro-averaging 计算过程如下：设 n 为金融文本总数，TP_i 表示第 i 条文本中正确识别为未知实体的数量，FP_i 表示第 i 条文本中误识别为实体的数量，FN_i 表示第 i 条文本中未识别出的未知实体数量，则 MicroF 如公式(8.7)~公式(8.9)所示。

$$\text{MicroP} = \frac{\sum_{i=1}^{n} TP_i}{\sum_{i=1}^{n} TP_i + \sum_{i=1}^{n} FP_i} \tag{8.7}$$

$$\text{MicroR} = \frac{\sum_{i=1}^{n} TP_i}{\sum_{i=1}^{n} TP_i + \sum_{i=1}^{n} FN_i} \tag{8.8}$$

$$\text{MicroF} = \frac{2 \times \text{MicroP} \times \text{MicroR}}{\text{MicroP} + \text{MicroR}} \tag{8.9}$$

其中 MicroP 为精确率，MicroR 为召回率，实体的全称和缩写视为不同实体。

训练数据与测试数据全部以 csv 格式给出。每条数据包括标识号(id)、文本标题(title)、文本内容(text)和未知实体列表(unknownEntities 即标签。其中,测试集不含有标签)。不同字段之间以英文逗号分隔,同一字段内实体用英文分号分隔。

8.3.4 环境搭建

1. 硬件环境

(1) 操作系统：Ubuntu 16~18 和 CentOS 7 均可。

(2) 硬件配置：内存 128G,1080Ti12G,1 个 GPU 卡或以上即可。

2. 软件环境

(1) 使用虚拟环境(conda create -n tf_code python==3.6)。

(2) 进入虚拟环境(1. source .bashrc 2. source activate tf_code)。

(3) tensorflow-gpu==1.10 (conda install tensorflow-gpu==1.10)。

(4) cudatoolkit==9.0 (conda install cudatoolkit==9.2)。

(5) cudnn==7.0 (conda install cudnn==7.6.4)。

(6) tqdm (pip install tqdm)。

(7) pandas==0.25.3 (pip install pandas==0.25.3)。

(8) numpy==1.14.5 (pip install numpy==1.14.5)。

其中,具体的 Anaconda 环境搭建和如何使用 PyCharm 远程连接 Linux 服务器并同步代码,还有如何使用 screen 命令管理后台任务均在第 2 章有所介绍。

8.3.5 赛题分析

1. 任务本质

仍然是实体识别任务，可以使用 8.2.4 节 BERT 实体识别微调方法完成任务。

2. 数据分析

针对赛题数据集，笔者进行了较为详细的统计和分析。数据集中的文本长度分布如图 8.12 所示，文本长度为 0～500 的数据有 3615 条，超过 500 的则有 6390 条。大部分数据文本长度较长。其中文本最短长度为 4，最大长度为 32787，平均长度为 1311。在训练集中还存在 200 多条数据有标签谬误。数据集中出现了部分噪声，包括一些 HTML 文字和特殊字符。可以看出，数据集存在文本过长，噪声过多等问题。

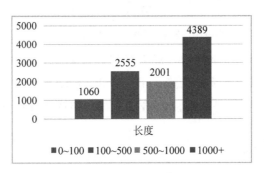

图 8.12　文本长度统计

3. 实验流程如图 8.13 所示

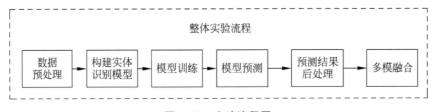

图 8.13　实验流程图

4. 代码结构

（1）preprocess/preprocess.py：对原始数据的清洗与数据集的 K 折切割，并生成图 8.11 所示的数据格式等。

（2）model.py：单模构建脚本。

（3）utils.py：DataIterator 数据迭代器，用于生成 batch 数据喂入模型。

（4）train_fine_tune.py：单模训练脚本。

（5）predict.py：模型预测脚本。

(6) ensemble/ensemble.py：对 predict.py 模型生成的文件进行复原，生成单模的文字预测结果。

(7) post_process 文件夹：

- get_ensemble_final_result.py：对 ensemble.py 生成的单模文字结果进行拼接，因为在预处理的时候将测试集切成了多份。
- post_ensemble_final_result.py：对 get_ensemble_final_result.py 生成的文件进行后处理，得到最终的单模文字结果。

(8) bert/tokenization.py：BERT 源码分词工具。

(9) tf_utils 文件夹：笔者对 BERT 源码的修改及一些开源代码如 CRF。

(10) config.py：超参数设置和路径设置等。

(11) memory_saving_gradients.py：节约内存代码（本次比赛并没有使用）。

(12) optimization.py：优化器。

8.3.6 实验代码

因为整个项目代码比较长，笔者将按照顺序放出每一个部分的核心代码，大家可对照着笔者对核心代码的解释，加深对整个比赛的了解，完整的代码可访问笔者的 Github：https://github.com/ChileWang0228/Deep-Learning-With-Python。

1. 数据预处理

针对数据分析中提到的噪声及标签谬误等问题，本团队使用了正则表达式定位噪声与标签谬误数据，进而清洗噪声与修正标签谬误。

针对数据分析中提到的文本过长的问题，本团队对金融文本采用了按句子切割的方法，以标点符号优先级对句子进行切割，并按原顺序进行重组，当重组的句子长度超过 512 时，则新生成一条子数据并对剩余句子重复执行上述过程，直到所有的句子都被组装完成。这种数据处理的方式有效地解决了数据集文本长度过长的问题，并且完整地利用了数据信息。

1) 清除非中英文与非常见标点符号的字符

```
1.  #chapter8/CCF_ner/preprocess/preprocess.py
2.  #找出所有的非中文、非英文和非数字符号
3.  additional_chars = set()
4.  for t in list(test_df.text) + list(train_df.text):
5.      additional_chars.update(re.findall(u'[^\u4e00-\u9fa5a-zA-Z0-9\*]', str(t)))
6.
7.  #一些需要保留的符号
8.  extra_chars = set("!#$%&\()*+,-./:;<=>?@[\\]^_{|}~!#¥%&?«»{}""，:''.()·、;【】")
9.  print(extra_chars)
10. additional_chars = additional_chars.difference(extra_chars)
11.
12. def stop_words(x):
```

```
13.    try:
14.        x = x.strip()
15.    except:
16.        return ''
17.    x = re.sub('\{IMG:.?.?.?\}', '', x)
18.    x = re.sub('<!-- IMG_\d+ -->', '', x)
19.    x = re.sub('(https?|ftp|file)://[-A-Za-z0-9+&@#/%?=~_|!:,.;]+[-A-Za
       -z0-9+&@#/%=~_|]', '', x)  # 过滤网址
20.    x = re.sub('<a[^>]*>', '', x).replace("</a>", "")    # 过滤a标签
21.    x = re.sub('<P[^>]*>', '', x).replace("</P>", "")    # 过滤P标签
22.
23.    # 过滤strong标签
24.    x = re.sub('<strong[^>]*>', ',', x).replace("</strong>", "")
25.    x = re.sub('<br>', ',', x)    # 过滤br标签
26.    # 过滤www开头的网址
27.    x = re.sub('www.[-A-Za-z0-9+&@#/%?=~_|!:,.;]+[-A-Za-z0-9+&@
       #/%=~_|]', '', x).replace("()", "")
28.    x = re.sub('\s', '', x)    # 过滤不可见字符
29.
30.    for wbad in additional_chars:
31.        x = x.replace(wbad, '')
32.    return x
33.
34. train_df['text'] = train_df['title'].fillna('') + train_df['text'].fillna('')
35. test_df['text'] = test_df['title'].fillna('') + test_df['text'].fillna('')
36.
37. # 清除噪声
38. train_df['text'] = train_df['text'].apply(stop_words)
39. test_df['text'] = test_df['text'].apply(stop_words)
```

2) 定位错误标签

```
1.  """
2.  找出错误标签
3.  """
4.  label_list = train_df['unknownEntities'].tolist()
5.  text_list =  train_df['text'].tolist()
6.  id_list =  train_df['id'].tolist()
7.  false_get_id = []
8.  false_get_label = []
9.  for i, label in enumerate(label_list):
10.     text = text_list[i]
11.     idx = id_list[i]
12.     l_l = label.split(';')
13.     not_in = []
14.     for li in l_l:
15.         if li not in text:
```

3) K折切割

K折切割相当于用训练集的不同部分作为验证集,多维度利用训练集信息,保证模型的泛化性。

```
1.  # 切分训练集,分成训练集和验证集,在这可以尝试五折切割
2.  print('Train Set Size:', train_df.shape)
3.  new_dev_df = train_df[4000: ]          # 验证集
4.  frames = [train_df[:2000], train_df[2001:4000]]
5.  new_train_df = pd.concat(frames)       # 训练集
6.  new_train_df = new_train_df.fillna('')
7.  new_test_df = test_df[:]               # 测试集
```

4) 对过长文本按照标点符号优先级进行切割

```
1.  def _cut(sentence):
2.      """
3.      将一段文本按标点符号优先级切分成多个句子
4.      :param sentence:
5.      :return:
6.      """
7.      new_sentence = []
8.      sen = []
9.      for i in sentence:
10.         if i in ['.', '!', '?', '?'] and len(sen) != 0:
11.             sen.append(i)
12.             new_sentence.append("".join(sen))
13.             sen = []
14.             continue
15.         sen.append(i)
16.
17.     if len(new_sentence) <= 1:
        # 一句话超过max_seq_length且没有句号的,用","分割,再长的不考虑
18.         new_sentence = []
19.         sen = []
20.         for i in sentence:
21.             if i.split(' ')[0] in [',', ','] and len(sen) != 0:
22.                 sen.append(i)
23.                 new_sentence.append("".join(sen))
24.                 sen = []
25.                 continue
26.             sen.append(i)
27.     if len(sen) > 0:  # 若最后一句话无结尾标点,则加入这句话
```

```
28.         new_sentence.append("".join(sen))
29.     return new_sentence
```

5）保存测试集切割索引，以便后续拼接

```
1. cut_index_dict = {'cut_index_list': cut_index_list}
2. with open(data_dir + 'cut_index_list.json', 'w') as f:
3.     json.dump(cut_index_dict, f, ensure_ascii = False)
```

6）将清洗后的数据转化成如图 8.11 所示的数据格式

```
1.  # 构造训练集、验证集与测试集
2.  with codecs.open(data_dir + 'train.txt', 'w', encoding = 'utf-8') as up:
3.      for row in train_df.iloc[:].itertuples():
4.          # print(row.unknownEntities)
5.
6.          text_lbl = row.text
7.          entitys = str(row.unknownEntities).split(';')
8.          for entity in entitys:
9.              text_lbl = text_lbl.replace(entity, 'Ë' + (len(entity) - 1) * 'Ж')
10.
11.         for c1, c2 in zip(row.text, text_lbl):
12.             if c2 == 'Ë':
13.                 up.write('{0} {1}\n'.format(c1, 'B-ORG'))
14.             elif c2 == 'Ж':
15.                 up.write('{0} {1}\n'.format(c1, 'I-ORG'))
16.             else:
17.                 up.write('{0} {1}\n'.format(c1, 'O'))
18.         up.write('\n')
19.
20. with codecs.open(data_dir + 'dev.txt', 'w', encoding = 'utf-8') as up:
21.     for row in dev_df.iloc[:].itertuples():
22.         # print(row.unknownEntities)
23.         text_lbl = row.text
24.         entitys = str(row.unknownEntities).split(';')
25.         for entity in entitys:
26.             text_lbl = text_lbl.replace(entity, 'Ë' + (len(entity) - 1) * 'Ж')
27.
28.         for c1, c2 in zip(row.text, text_lbl):
29.             if c2 == 'Ë':
30.                 up.write('{0} {1}\n'.format(c1, 'B-ORG'))
31.             elif c2 == 'Ж':
32.                 up.write('{0} {1}\n'.format(c1, 'I-ORG'))
33.             else:
34.                 up.write('{0} {1}\n'.format(c1, 'O'))
35.
36.         up.write('\n')
37.
38. with codecs.open(data_dir + 'test.txt', 'w', encoding = 'utf-8') as up:
39.     for row in test_df.iloc[:].itertuples():
```

```
40.
41.         text_lbl = row.text
42.         for c1 in text_lbl:
43.             up.write('{0} {1}\n'.format(c1, 'O'))
44.
45.         up.write('\n')
```

2. 模型构建

笔者尝试使用了多种开源的预训练模型（BERT、ERNIE、BERT_WWM、RoBERTa），并分别下接了 IDCN-CRF 与 BILST-CRF 两种结构来构建实体抽取模型。本节介绍的单模以预训练模型 BERT 作为基准模型来举例。

1）BERT-BILSTM-CRF

BILSTM-CRF 是目前较为流行的命名实体识别模型。本团队将 BERT 预训练模型学习到的 Token 向量输入 BILSTM 模型进行进一步学习，让模型更好地理解文本的上下关系，最终通过 CRF 层获得每个 Token 的分类结果。本团队所使用的 BERT-BILSTM-CRF 模型图如图 8.14 所示。

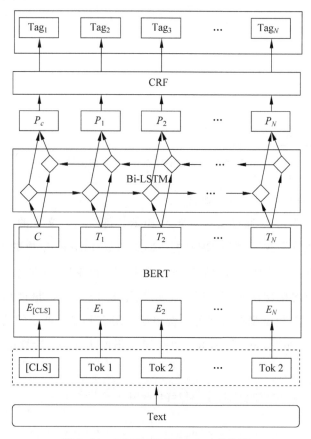

图 8.14　BERT-BILSTM-CRF 结构图

2）BERT-IDCNN-CRF

Emma Strubell 等人[33]首次将 IDCNN 用于实体识别。IDCNN 通过利用空洞（即补 0）来改进 CNN 结构，在丢失局部信息的情况下，捕获长序列文本的长距离信息，适合当前长文本的数据集。该方法比传统的 CNN 具有更好的上下文和结构化预测能力。而且与 LSTM 不同的是，IDCNN 即使在并行的情况下，对长度为 N 的句子的处理顺序也只需要 $O(n)$ 的时间复杂度。本团队使用的 BERT-IDCNN-CRF 模型结构如图 8.15 所示。该模型的精度与 BERT-BILSTM-CRF 相当。模型的预测速度提升了将近 50%。

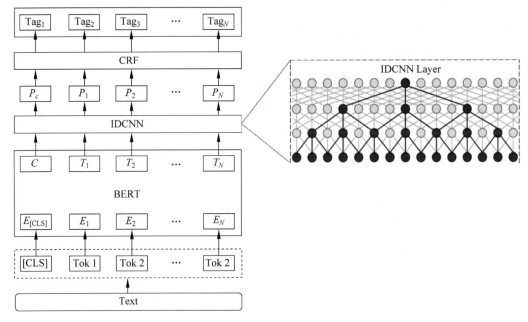

图 8.15　BERT-IDCNN-CRF 结构图

3）BERT 多层表示的动态权重融合

GaneshJawahar 等人[34]通过实验验证了 BERT 每一层对文本的理解都有所不同。为此，我们对 BERT 进行了改写，将 BERT 的 12 层 Transformer 生成的表示赋予一个权重，权重的初始化如公式(8.10)所示，而后通过训练来确定权重值，并将每一层生成的表示加权平均，再通过一层全连接层降维至 512 维，如公式(8.11)所示，最后结合之前的 IDCNN-CRF 和 BILSTM-CRF 模型来获得多种异构单模。BERT 多层表示的动态权重融合结构如图 8.16 所示。其中 $represent_i$ 为 BERT 每一层输出的表示，α_i 为权重 BERT 每一层表示的权重值。

$$\alpha_i = \text{Dense}_{unit=1}(represent_i) \tag{8.10}$$

$$output = \text{Dense}_{unit=512}\left(\sum_{i=1}^{n} \alpha_i \cdot represent_i\right) \tag{8.11}$$

我们对使用动态融合的 RoBERTa-BILSTM-CRF 和未使用动态融合的相同模型结果

进行了对比,结果如表 8.2 所示。通过表中的结果,我们可以看到加入动态融合的方法使得我们的单模成绩提高了 1.4%。值得一提的是,我们通过 BERT 动态权重融合的方法,得到了该赛题得分最高的单模。

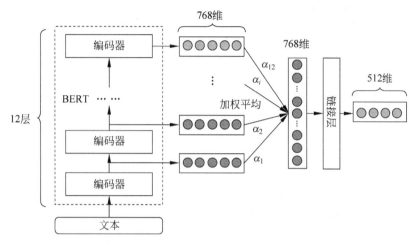

图 8.16　BERT 动态权重融合

表 8.2　两种异构单模结果对比表

模　　型	F1(复赛 A 榜)
RoBERTa-BILSTM-CRF	0.491
RoBERTa(动态融合)-BILSTM-CRF	0.505(+1.4%)

4) 模型构建

代码在 model.py,我们可以通过 config.py 来控制是否对 BERT 进行动态权重融合,也可以控制使用哪种模型结构,具体如下:

(1) config.py

```
1.  # /chapter8/CCF_ner/config.py
2.  # self.model_type = 'idcnn'          # 使用 idcnn
3.  self.model_type = 'bilstm'           # 使用 bilstm
4.  self.lstm_dim = 256
5.  self.dropout = 0.5
6.  self.use_origin_bert = True  # True:使用原生 BERT, False:使用动态融合 BERT
```

(2) model.py:动态融合代码

```
1.  # /chapter8/CCF_ner/model.py
2.  def bert_embed(self, bert_init = True):
3.      """
4.      读取 BERT 的 TF 模型
5.      :param bert_init:
```

```python
6.        :return:
7.        """
8.        bert_config_file = self.config.bert_config_file
9.        bert_config = BertConfig.from_json_file(bert_config_file)
10.       model = BertModel(
11.           config=bert_config,
12.           is_training=self.is_training,
13.           input_ids=self.input_x_word,
14.           input_mask=self.input_mask,
15.           token_type_ids=None,
16.           use_one_hot_embeddings=False)
17.
18.       layer_logits = []
19.       for i, layer in enumerate(model.all_encoder_layers):
20.           layer_logits.append(
21.               tf.layers.dense(
22.                   layer, 1,
23.                   kernel_initializer=tf.truncated_normal_initializer(stddev=0.02),
           name="layer_logit%d" % i
24.               )
25.           )
26.
27.       layer_logits = tf.concat(layer_logits, axis=2)  # 第三维度拼接
28.       layer_dist = tf.nn.softmax(layer_logits)
29.       seq_out = tf.concat([tf.expand_dims(x, axis=2) for x in model.all_encoder_layers],
       axis=2)
30.       pooled_output = tf.matmul(tf.expand_dims(layer_dist, axis=2), seq_out)
31.       pooled_output = tf.squeeze(pooled_output, axis=2)
32.       pooled_layer = pooled_output
33.       char_bert_outputs = pooled_layer
34.
35.       if self.config.use_origin_bert:
36.           final_hidden_states = model.get_sequence_output()  # 原生BERT
37.           self.config.embed_dense_dim = 768
38.       else:
39.           final_hidden_states = char_bert_outputs  # 多层融合BERT
40.           self.config.embed_dense_dim = 512
```

(3) model.py:模型构建代码

```python
1.  # /chapter8/CCF_ner/model.py
2.  def __init__(self, config):
3.      self.config = config
4.      # 喂入模型的数据占位符
5.      self.input_x_word = tf.placeholder(tf.int32, [None, None],
          name="input_x_word")
6.      self.input_x_len = tf.placeholder(tf.int32, name='input_x_len')
```

```python
7.      self.input_mask = tf.placeholder(tf.int32, [None, None],
            name = 'input_mask')
8.      self.input_relation = tf.placeholder(tf.int32, [None, None],
            name = 'input_relation')    # 实体 NER 的真实标签
9.      self.keep_prob = tf.placeholder(tf.float32, name = 'dropout_keep_prob')
10.     self.is_training = tf.placeholder(tf.bool, None, name = 'is_training')
11.
12.     # BERT Embedding
13.     self.init_embedding(bert_init = True)
14.     output_layer = self.word_embedding
15.
16.     # 超参数设置
17.     self.relation_num = self.config.relation_num
18.     self.initializer = initializers.xavier_initializer()
19.     self.lstm_dim = self.config.lstm_dim
20.     self.embed_dense_dim = self.config.embed_dense_dim
21.     self.dropout = self.config.dropout
22.     self.model_type = self.config.model_type
23.     print('Run Model Type:', self.model_type)
24.
25.     # idcnn 的超参数
26.     self.layers = [
27.         {'dilation': 1},
28.         {'dilation': 1},
29.         {'dilation': 2},]
30.     self.filter_width = 3
31.     self.num_filter = self.lstm_dim
32.     self.embedding_dim = self.embed_dense_dim
33.     self.repeat_times = 4
34.     self.cnn_output_width = 0
35.
36.     # CRF 超参数
37.     used = tf.sign(tf.abs(self.input_x_word))
38.     length = tf.reduce_sum(used, reduction_indices = 1)
39.     self.lengths = tf.cast(length, tf.int32)
40.     self.batch_size = tf.shape(self.input_x_word)[0]
41.     self.num_steps = tf.shape(self.input_x_word)[-1]
42.     if self.model_type == 'bilstm':
43.         lstm_inputs = tf.nn.dropout(output_layer, self.dropout)
44.         lstm_outputs = self.biLSTM_layer(lstm_inputs, self.lstm_dim, self.lengths)
45.         self.logits = self.project_layer(lstm_outputs)
46.
47.     elif self.model_type == 'idcnn':
48.         model_inputs = tf.nn.dropout(output_layer, self.dropout)
49.         model_outputs = self.IDCNN_layer(model_inputs)
50.         self.logits = self.project_layer_idcnn(model_outputs)
51.
```

```
52.    else:
53.        raise KeyError
54.
55.    # 计算损失
56.    self.loss = self.loss_layer(self.logits, self.lengths)
```

3. 模型训练

模型训练模块涉及数据的喂入、模型的 Fine-Tune 和模型保存 3 个部分。

1) utils.py

构造数据迭代器,向模型喂入数据。

```
1.  # /chapter8/CCF_ner/utils.py
2.  def __next__(self):
3.      if self.idx >= self.num_records:    # 迭代停止条件
4.          self.idx = 0
5.          if self.is_test == False:
6.              self.shuffle()
7.          raise StopIteration
8.      input_ids_list = []
9.      input_mask_list = []
10.     segment_ids_list = []
11.     label_ids_list = []
12.     tokens_list = []
13.
14.     num_tags = 0
15.     while num_tags < self.batch_size:    # 每次返回 batch_size 个数据
16.         idx = self.all_idx[self.idx]
17.         res = self.convert_single_example(idx)
18.         if res is None:
19.             self.idx += 1
20.             if self.idx >= self.num_records:
21.                 break
22.             continue
23.         input_ids, input_mask, segment_ids, label_ids, tokens = res
24.
25.         # 一个 batch 的输入
26.         input_ids_list.append(input_ids)
27.         input_mask_list.append(input_mask)
28.         segment_ids_list.append(segment_ids)
29.         label_ids_list.append(label_ids)
30.         tokens_list.append(tokens)
31.
32.         if self.use_bert:
33.             num_tags += 1
34.
35.         self.idx += 1
```

```
36.         if self.idx >= self.num_records:
37.             break
38.
39.     return input_ids_list, input_mask_list, segment_ids_list, label_ids_list, self.seq_
   length, tokens_list
```

2）train_fine_tune.py 的 train 函数

对 BERT 结构与下接结构分别采用不同的学习率进行微调。

```
1.  # /chapter8/CCF_ner/train_fine_tune.py
2.  with session.as_default():
3.      model = Model(config)      # 读取模型结构图
4.      # 超参数设置
5.      global_step = tf.Variable(0, name='step', trainable=False)
6.      learning_rate = tf.train.exponential_decay(config.learning_rate,
            global_step, config.decay_step,  config.decay_rate, staircase=True)
7.      # 下接结构的学习率
8.      normal_optimizer = tf.train.AdamOptimizer(learning_rate)
9.
10.     all_variables = graph.get_collection('trainable_variables')
11.     # BERT 的参数
12.     word2vec_var_list = [x for x in all_variables if 'bert' in x.name]
13.
14.     # 下接结构的参数
15.     normal_var_list = [x for x in all_variables if 'bert' not in x.name]
16.     print('bert train variable num: {}'.format(len(word2vec_var_list)))
17.     print('normal train variable num: {}'.format(len(normal_var_list)))
18.
19.     normal_op = normal_optimizer.minimize(model.loss, global_step=global_step, var_
   list=normal_var_list)
20.     num_batch = int(train_iter.num_records / config.batch_size * config.train_epoch)
21.     embed_step = tf.Variable(0, name='step', trainable=False)
22.     if word2vec_var_list:      # 对 BERT 微调
23.         print('word2vec trainable!!')
24.         word2vec_op, embed_learning_rate, embed_step = create_optimizer(
25.             model.loss, config.embed_learning_rate, num_train_steps=num_batch,
                num_warmup_steps=int(num_batch * 0.05), use_tpu=False,
                    variable_list=word2vec_var_list
26.         )
27.         # 组装 BERT 与下接结构参数
28.         train_op = tf.group(normal_op, word2vec_op)
29.     else:
30.         train_op = normal_op
```

笔者在 config.py 设置了 200 个 Epoch，当然不能全部跑完，一般我们跑了三四个 Epoch 的时候，便可以手动停止了。这么设置的目的是多保存几个模型，再通过 check_F1.py 来查看每次训练得到的最高 F1 模型，取最优模型进行预测。

```
1.  # /chapter8/CCF_ner/train_fine_tune.py
2.  for i in range(config.train_epoch):    # 训练
3.      for input_ids_list, input_mask_list, segment_ids_list, label_ids_list, seq_length, tokens_list in tqdm.tqdm(train_iter):
4.
5.          feed_dict = {
6.              model.input_x_word: input_ids_list,
7.              model.input_mask: input_mask_list,
8.              model.input_relation: label_ids_list,
9.              model.input_x_len: seq_length,
10.             model.keep_prob: config.keep_prob,
11.             model.is_training: True,
12.         }
13.         _, step, _, loss, lr = session.run(
14.             fetches=[train_op,
15.                      global_step,
16.                      embed_step,
17.                      model.loss,
18.                      learning_rate
19.                      ],
20.             feed_dict=feed_dict)
21.     P, R = set_test(model, test_iter, session)
22.     F = 2 * P * R / (P + R)
23.     print('dev set : step_{},precision_{},recall_{}'.format(cum_step, P, R))
```

3）train_fine_tune.py 的 set_test() 函数

计算每一个 Epoch 的验证集 F1，保存每一个 Epoch 的训练模型。

```
1.  # /chapter8/CCF_ner/train_fine_tune.py
2.  def set_test(model, test_iter, session):
3.      # 隐藏不重要的代码
4.      for input_ids_list, input_mask_list, segment_ids_list, label_ids_list, seq_length, tokens_list in tqdm.tqdm(test_iter):
5.
6.          feed_dict = {
7.              model.input_x_word: input_ids_list,
8.              model.input_x_len: seq_length,
9.              model.input_relation: label_ids_list,
10.             model.input_mask: input_mask_list,
11.             model.keep_prob: 1,
12.             model.is_training: False,
13.         }
14.
15.         lengths, logits, trans = session.run(
16.             fetches=[model.lengths, model.logits, model.trans],
17.             feed_dict=feed_dict
18.         )
```

```
19.
20.         predict = decode(logits, lengths, trans)
21.         y_pred_list.append(predict)
22.         y_true_list.append(label_ids_list)
23.         ldct_list_tokens.append(tokens_list)
24.
25.     ldct_list_tokens = np.concatenate(ldct_list_tokens)
26.     ldct_list_text = []
27.     for tokens in ldct_list_tokens:
28.         text = "".join(tokens)
29.         ldct_list_text.append(text)
30.
31.     #获取验证集文本及其标签
32.     y_pred_list, y_pred_label_list = get_text_and_label(ldct_list_tokens,    y_pred_list)
33.     y_true_list, y_true_label_list = get_text_and_label(ldct_list_tokens,    y_true_list)
34.
35.     dict_data = {
36.         'y_true_label': y_true_label_list,
37.         'y_pred_label': y_pred_label_list,
38.         'y_pred_text': ldct_list_text
39.     }
40.     df = pd.DataFrame(dict_data)
41.     precision, recall, f1 = get_P_R_F(df)
42.     print('precision: {}, recall {}, f1 {}'.format(precision, recall, f1))
43.     return precision, recall
```

4．模型预测

首先在 config.py 放入预测模型路径（我们可以通过运行 check_F1.py 查看最优的预测模型），而后读取模型，再通过之前在 model.py 给每个变量设置的变量名得到我们需要的变量，这样做的好处是无须重新构建模型图，只要抽取我们预测所需要的变量即可完成任务，一定程度上对我们的模型代码进行了加密。最后我们对测试集进行预测，并保存所需的预测概率。

1）config.py

```
1.  #/chapter8/CCF_ner/config.py
2.  #存放的模型名称,用以预测
3.  #其中 0.5630 表示 precision,0.6378 表示 recall,10305 表示当前保存的步数
4.  self.checkpoint_path = "/data/wangzhili/Finance_entity_recog/model/runs_7/1577502293/model_0.5630_0.6378-10305"
```

2）predict.py

```
1.  #/chapter8/CCF_ner/predict.py
```

```python
2.   def get_session(checkpoint_path):
3.       # 隐藏不重要其他代码
4.       # 读取模型变量
5.       _input_x = graph.get_operation_by_name("input_x_word").outputs[0]
6.       _input_x_len = graph.get_operation_by_name("input_x_len").outputs[0]
7.       _input_mask = graph.get_operation_by_name("input_mask").outputs[0]
8.       _input_relation = graph.get_operation_by_name("input_relation").outputs[0]
9.       _keep_ratio = graph.get_operation_by_name('dropout_keep_prob').outputs[0]
10.      _is_training = graph.get_operation_by_name('is_training').outputs[0]
11.      used = tf.sign(tf.abs(_input_x))
12.      length = tf.reduce_sum(used, reduction_indices=1)
13.      lengths = tf.cast(length, tf.int32)
14.      logits = graph.get_operation_by_name('project/pred_logits').outputs[0]
15.      trans = graph.get_operation_by_name('transitions').outputs[0]
16.
17.      def run_predict(feed_dict):
18.          return session.run([logits, lengths, trans], feed_dict)
19.      print('recover from: {}'.format(checkpoint_path))
20.      return run_predict, (_input_x, _input_x_len, _input_mask, _input_relation, _keep_ratio, _is_training)
21.
22.  def set_test(test_iter, model_file):
23.      # 隐藏不重要的代码
24.      predict_fun, feed_keys = get_session(model_file)
25.      for input_ids_list, input_mask_list, segment_ids_list, label_ids_list, seq_length, tokens_list in tqdm.tqdm(test_iter):
26.          # 对每一个batch的数据进行预测
27.          logits, lengths, trans = predict_fun(
28.              dict(
29.                  zip(feed_keys, (input_ids_list, seq_length, input_mask_list, label_ids_list, 1, False))
30.              )
31.          )
32.
33.          logits_list.append(logits)
34.          lengths_list.append(lengths)
35.          trans_list.append(trans)
36.          pred = decode(logits, lengths, trans)
37.          y_pred_list.append(pred)
38.          ldct_list.append(tokens_list)
39.
40.      """
41.      所需预测概率保存
42.      """
43.      if 'test' in dev_iter.data_file:
44.          result_detail_f = 'test_result_detail_{}.txt'.format(config.checkpoint_path.split('/')[-1])
```

```
45.        else:
46.            result_detail_f = 'dev_result_detail_{}.txt'.format(config.checkpoint_path.split('/')[-1])
47.
48.        with open(config.ensemble_source_file + result_detail_f,'w', encoding='utf-8') as detail:
49.            for idx in range(len(logits_list)):
50.                item = {}
51.                item['trans'] = trans_list[idx]
52.                item['lengths'] = lengths_list[idx]
53.                item['logit'] = logits_list[idx]
54.                item['pred'] = y_pred_list[idx]
55.                item['ldct_list'] = ldct_list[idx]
56.                detail.write(json.dumps(item, ensure_ascii=False, cls=NpEncoder) + '\n')
```

5. 预测结果后处理

1) ensemble/ensemble.py

将predict.py生成的概率文件复原成文字结果。其中，remove_list存放的是predict.py生成的概率文件名。如果我们想要还原某个模型的文字结果，直接注释该模型的概率文件即可。当然，vote_ensemble函数也可以对多个模型的概率文件进行还原，相当于对多个模型出来的标签进行数字投票，并还原成文字结果。不过笔者在竞赛时统计错误发现数字投票会截断实体，如图8.17所示。为此，笔者将数字投票改成了对所有单模的文字结果进行投票，我们通过设定阈值，统计每一条数据的预测实体在所有模型的出现次数，当实体出现次数大于阈值时，则认为该实体是未知实体，将其保留。笔者通过这个方法提高了两个百分点的成绩。

```
1.  #/chapter8/CCF_ner/ensemble/ensemble.py
2.  if __name__ == '__main__':
3.      remove_list = [
4.          'test_result_detail_model_0.6774_0.7129-6235.txt',
5.          'test_result_detail_model_0.6841_0.6867-4988.txt',
6.          ]
7.      # 测试集
8.      # score_average_ensemble(config.ensemble_source_file, 'test', config.ensemble_result_file, remove_list)
9.      vote_ensemble(config.ensemble_source_file,'test', config.ensemble_result_file, remove_list)
10.
11.     # 验证集
12.     # vote_ensemble(config.ensemble_source_file, 'dev', config.ensemble_result_file, remove_list)
13.     # score_average_ensemble(config.ensemble_source_file, 'dev', config.ensemble_result_file, remove_list)
```

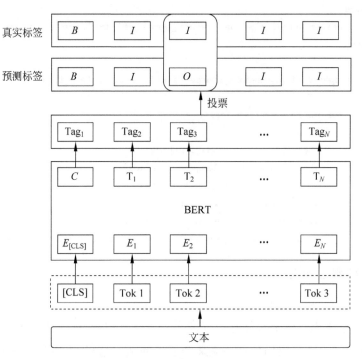

图 8.17　数字投票

2) postprocess/get_ensemble_final_result.py

对 ensemble.py 生成的单模文字结果进行拼接，因为在预处理的时候将测试集切成了多份。

```
# /chapter8/CCF_ner/postprocess/get_ensemble_final_result.py
# 对被切分的测试集进行拼接
pre_index = 0
repair_text_list = []
repair_label_list = []
with open(data_dir + 'cut_index_list.json', 'r') as f:
    load_dict = json.load(f)
    cut_index_list = load_dict['cut_index_list']

# print(y_pred_label_list)
y_pred_label_list = [str(item) for item in y_pred_label_list]
for i, seg_num in enumerate(cut_index_list):
    # seg_num: 原始句子被分为了几段

    if i == 0:
        text = "".join(test_cut_text_list[: seg_num])
        label = ";".join(y_pred_label_list[: seg_num])
        repair_text_list.append(text)
```

```
19.            repair_label_list.append(label)
20.
21.        else:
22.            text = "".join(test_cut_text_list[pre_index: pre_index + seg_num])
23.            label = ";".join([str(label) for label in y_pred_label_list[pre_index:
                   pre_index + seg_num]])
24.            repair_text_list.append(text)
25.            repair_label_list.append(label)
26.        pre_index += seg_num
```

3) post_ensemble_final_result.py

对 get_ensemble_final_result.py 生成的文字结果进行后处理,得到最终的单模文字结果。因为单纯的模型并不能解决所有问题,因此我们需要构建一些规则对模型预测的结果进行约束,主要包括:

(1) 对含有标点符号的文字结果进行了一些一般化后处理工作。

(2) 删除训练集出现过的实体(赛题规则)。

6. 多模融合

正如我们在预测结果后处理所说的,我们对多个异构单模的文字结果投票进行多模融合。具体的融合思路如图 8.18 所示。我们通过模型构建部分获得了多个异构模型,选择高召回率的模型进行单模预测,并将得到的单模结果进行文字投票融合得到最终结果。

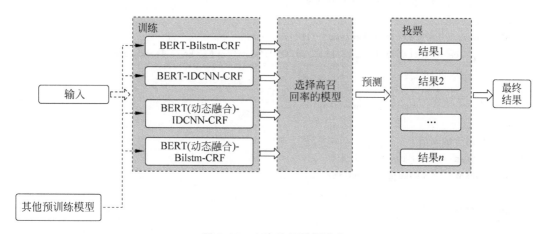

图 8.18　文字结果投票融合

```
1.  # /chapter8/final_submit/text_result_vote_ensemble.py
2.  # !/usr/bin/python
3.  # -*- coding: UTF-8 -*-
4.  import pandas as pd
5.  import numpy as np
6.  # 所有单模的文字结果文件
7.  file_list = ['test_result_detail_model_0.6774_0.7129-6235.csv',]
8.  file_len = len(file_list)
```

```python
9.    print('融合文件数目:', file_len)
10.   label_list = []
11.   id_list = []
12.
13.   # 统计每条数据所有实体的出现次数
14.   for i, file in enumerate(file_list):
15.       res_df = pd.read_csv(file)
16.       if i == 0:
17.           label_list = res_df['unknownEntities'].fillna('').tolist()
18.           id_list = res_df['id'].tolist()
19.       else:
20.           new_l_l = res_df['unknownEntities'].fillna('').tolist()
21.           for i, l_l in enumerate(new_l_l):
22.               l_l_list = l_l.split(';')
23.               label_list_item = label_list[i].split(';')
24.               label_list_item += l_l_list
25.               label_list[i] = ";".join(label_list_item)
26.
27.   def all_list(arr):
28.       result = {}
29.       for i in set(arr):
30.           result[i] = arr.count(i)
31.       return result
32.
33.   # 将每条数据的实体出现次数从大到小排序
34.   num_list = []
35.   for i, label in enumerate(label_list):
36.       res = sorted(all_list(label.split(';')).items(), key=lambda d:d[1], reverse=True)
37.       for x in res:
38.           if x[0]! = '':
39.               num_list.append(x[1])
40.
41.   # 融合的阈值
42.   median = file_len // 3 + 3
43.   print('融合的阈值:', median)
44.
45.   # 融合
46.   entities_num = 0
47.   for i, label in enumerate(label_list):
48.       print(id_list[i])
49.       res = sorted(all_list(label.split(';')).items(), key=lambda d:d[1],reverse=True)
50.       temp = []
51.       entities_list = []
52.       for x in res:
53.           if x[0]! = '' and x[1] >= median:
54.               temp.append(x)
55.               entities_list.append(x[0])
```

```
56.        entities_num + = len(entities_list)
57.        label_list[i] = ";".join(entities_list)
58. print(entities_num)
59.
60. post_emsemble_df = pd.DataFrame({'id': id_list, 'unknownEntities': label_list})
61. post_emsemble_df.to_csv('post_emsemble_df_div3_14_all_34_recall_064.csv', encoding =
    'UTF - 8', index = False)
```

7. 代码框架介绍

笔者此次介绍的代码框架复用性与解耦性比较高,在这里大致说明一下怎样去使用这个框架。对于一个问题,我们首先想的是解决问题的办法,也就是模型构建部分 model.py。当模型确定了,我们就要构建数据迭代器(utils.py)给模型喂数据了,而 utils.py 读入的数据是 preprocess.py 清洗干净的数据。

当构建完以上这几部分之后,便是模型训练部分 train_fine_tune.py,这个部分包含训练、验证 F1 和保存每一个 Epoch 训练模型的过程。我们一开始训练单模得先确定单模是否有效,可以通过 train_fine_tune.py 的 main 函数将训练集和验证集都用验证集去表示,看一下验证集 F1 是否接近 90%,若接近则说明我们的模型构建部分没有出错,但不保证我们的 F1 评估公式是否正确。因此,我们使用刚刚用验证集训练得到的模型,通过 predict.py 来预测验证集,人工检验预测的结果是否有效,这样子就能保证我们整体的单模流程完全没问题了。

最后是后处理规则 postprocess 和融合 ensemble 两部分,这里的主观性比较强,一般都是根据具体问题具体分析来操作。

其中,utils.py 也有 main 函数,可以用来检验我们构造的 Batch 数据是否有误,直接打印出来人工检验一下即可。整个框架的超参数都在 config.py 处设置,加强框架的解耦性,可避免一处修改,处处修改的情况。

整体的框架也可复用到其他问题上,只需要根据我们修改的 model.py 来确定喂入的 Batch 数据格式,其他的代码文件也只是根据问题去修改相应部分,降低了调试成本。

8. 竞赛总结

笔者在本次竞赛中并没有使用太多的规则,而其他 top 的队伍用规则提升了几个百分点。个人认为竞赛首先应该考虑的是单模成绩,让模型结果决定我们的下限,而后再用规则去探寻我们成绩的天花板。为了打造一个优秀的单模,我们需要查阅大量新文献,因为只有借助全世界的科研力量才能让大家变得更强。通过调研 2017—2019 年的顶级会议论文,笔者提出了几个新颖的适用于当前数据集的模型结构,在本次比赛取得了第二名的成绩。与此同时,笔者也通过调研论文学习了很多优秀的理论知识。倘若我们一开始就看数据集找规则,一切只为成绩的上涨,那么我们在这次比赛除了知道这个数据集有什么 trick 之外,一无所获,因为这些 trick 只适用于当前的数据集,并不具备通用性。我们要始终铭记,从事深度学习的学习与研究的目的是让模型改善任务效果,而不是让过多的人工形成"智能"。

最后是针对笔者的方案，笔者希望未来在如下几个方面进行改进：

（1）加入更多的文本特征信息，如利用词典信息与图神经网络构建一个新型的实体识别模型。

（2）对 BERT 模型进行剪枝，蒸馏以降低模型的时间与空间复杂度，这也是后 BERT 时代的研究方向。

8.4 总结

BERT 诞生之后，还有很多基于 BERT 的改进模型也随之诞生，如 Zhilin Yang 等人[35]的 XLNET 和 Shizhe Diao 等人[35]的 ZEN 等。从本章介绍的预训练模型可以知道，大多数模型只是基于 BERT 当前一些缺点如掩盖策略或者超参数设置进行改进，本质上不算特别大的创新，相信读者碰到新的预训练模型时，自己也能看出它们是基于 BERT 的哪些不足进行的改善。加之当前数据仍然是改进 BERT 模型最重要的原料，数据的补充比修改模型本身更加迫切。因此，笔者并不打算对所有的预训练模型都一一分析。

另外，本章所介绍的代码结构是一个比较通用的 NLP 竞赛框架，涉及的六大模块同样也可以用于科研实践。大家只需要修改 model.py，根据我们模型设置的模型数据占位符，在 utils.py 返回模型所需要的 Batch 数据即可。因为每一个模块解耦性强，而且我们通过配置文件 config.py 来控制路径与超参数设置，所以修改某一个模块，并不影响其他模块的运行，从而减少了实验调试错误的时间成本。大家可以尝试用这套框架结合 8.2 节所介绍的 NLP 四大类任务原理，做一些简单实验，争取掌握这套代码结构。

最后，当前 NLP 的发展并没有计算机视觉迅速，究其原因还是人类的语言过于复杂，而我们人类训练的 NLP 模型并不像人的思维一般，可以联想学习。我们喂给它们的数据决定了神经元的权重，它们只是一群基于数据的弱人工智能。当然了，计算机视觉模型也是弱人工智能，不过图像相较于语言还是简单一点的，因此计算机视觉的落地应用会多一些。现在越来越多从事自然语言处理的研究人员也在研究计算机视觉，这逐渐成为一种趋势，其目的是将计算机视觉的思想转化到 NLP 领域，进而加快 NLP 技术的发展。笔者相信总有一天，通过全世界人工智能研究人员的努力，能让人工智能技术突破弱人工智能的天花板，从而实现真正意义上的智能，进而推动整个人工智能的进程，造福人类社会。

参 考 文 献

[1] Cho K, Van Merriënboer B, Gulcehre C, et al. Learning phrase representations using RNN encoder-decoder for statistical machine translation[J]. arXiv preprint arXiv:1406.1078, 2014.

[2] Bengio Y, Ducharme R, Vincent P, et al. A neural probabilistic language model[J]. Journal of machine learning research, 2003, 3(Feb): 1137-1155.

[3] Goodfellow I, Pouget-Abadie J, Mirza M, et al. Generative adversarial nets[C]. Advances in neural information processing systems, 2014: 2672-2680.

[4] Lecun Y, Bottou L, Bengio Y, et al. Gradient-based learning applied to document recognition[J]. Proceedings of the IEEE, 1998, 86(11): 2278-2324.

[5] Susskind J, Anderson A, Hinton G E. The Toronto face dataset[J]. U. Toronto, Tech. Rep. UTML TR, 2010, 1: 2010.

[6] Krizhevsky A, Hinton G. Learning multiple layers of features from tiny images[R]. Citeseer, 2009.

[7] Dufourq E, Bassett B A. Eden: Evolutionary deep networks for efficient machine learning[C]. 2017 Pattern Recognition Association of South Africa and Robotics and Mechatronics (PRASA-RobMech), 2017: 110-115.

[8] Stanley K O, Miikkulainen R. Evolving neural networks through augmenting topologies [J]. Evolutionary computation, 2002, 10(2): 99-127.

[9] Ren S, He K, Girshick R, et al. Faster r-cnn: Towards real-time object detection with region proposal networks[C]. Advances in neural information processing systems, 2015: 91-99.

[10] Badrinarayanan V, Kendall A, Cipolla R. Segnet: A deep convolutional encoder-decoder architecture for image segmentation[J]. IEEE transactions on pattern analysis and machine intelligence, 2017, 39(12): 2481-2495.

[11] He K, Gkioxari G, Dollár P, et al. Mask r-cnn [C]. Proceedings of the IEEE international conference on computer vision, 2017: 2961-2969.

[12] Simonyan K, Zisserman A. Very deep convolutional networks for large-scale image recognition[J]. arXiv preprint arXiv:1409.1556, 2014.

[13] Xie S, Girshick R, Dollár P, et al. Aggregated residual transformations for deep neural networks [C]. Proceedings of the IEEE conference on computer vision and pattern recognition, 2017: 1492-1500.

[14] Lin T-Y, Dollár P, Girshick R, et al. Feature pyramid networks for object detection [C]. Proceedings of the IEEE conference on computer vision and pattern recognition, 2017: 2117-2125.

[15] Devlin J, Chang M-W, Lee K, et al. Bert: Pre-training of deep bidirectional transformers for language understanding[J]. arXiv preprint arXiv:1810.04805, 2018.

[16] Vaswani A, Shazeer N, Parmar N, et al. Attention is all you need[C]. Advances in neural information processing systems, 2017: 5998-6008.

[17] Liu Y, Ott M, Goyal N, et al. Roberta: A robustly optimized bert pretraining approach[J]. arXiv preprint arXiv:1907.11692, 2019.

[18] Sennrich R, Haddow B, Birch A. Neural machine translation of rare words with subword units[J]. arXiv preprint arXiv:1508.07909, 2015.

[19] Sun Y, Wang S, Li Y, et al. ERNIE: Enhanced Representation through Knowledge Integration[J]. arXiv preprint arXiv:1904.09223, 2019.

[20] Cui Y, Che W, Liu T, et al. Pre-Training with whole word masking for Chinese BERT[J]. arXiv preprint arXiv:1906.08101, 2019.

[21] Williams A, Nangia N, Bowman S R. A broad-coverage challenge corpus for sentence understanding through inference[J]. arXiv preprint arXiv:1704.05426, 2017.

[22] Chen Z, Zhang H, Zhang X, et al. Quora question pairs, 2018.

[23] Wang W, Yan M, Wu C. Multi-granularity hierarchical attention fusion networks for reading comprehension and question answering[J]. arXiv preprint arXiv:1811.11934, 2018.

[24] Rajpurkar P, Zhang J, Lopyrev K, et al. Squad: 100,000+ questions for machine comprehension of text[J]. arXiv preprint arXiv:1606.05250, 2016.

[25] Cer D, Diab M, Agirre E, et al. Semeval-2017 task 1: Semantic textual similarity-multilingual and cross-lingual focused evaluation[J]. arXiv preprint arXiv:1708.00055, 2017.

[26] Dolan W B, Brockett C. Automatically constructing a corpus of sentential paraphrases[C]. Proceedings of the Third International Workshop on Paraphrasing (IWP2005), 2005.

[27] Bentivogli L, Clark P, Dagan I, et al. The fifth PASCAL recognizing textual entailment challenge[C]. TAC, 2009.

[28] Zellers R, Bisk Y, Schwartz R, et al. Swag: A large-scale adversarial dataset for grounded commonsense inference[J]. arXiv preprint arXiv:1808.05326, 2018.

[29] Socher R, Perelygin A, Wu J, et al. Recursive deep models for semantic compositionality over a sentiment treebank[C]. Proceedings of the 2013 conference on empirical methods in natural language processing, 2013: 1631-1642.

[30] Warstadt A, Singh A, Bowman S R. Neural network acceptability judgments[J]. arXiv preprint arXiv:1805.12471, 2018.

[31] Sang E F, De Meulder F. Introduction to the CoNLL-2003 shared task: Language-independent named entity recognition[J]. arXiv preprint cs/0306050, 2003.

[32] Strubell E, Verga P, Belanger D, et al. Fast and accurate entity recognition with iterated dilated convolutions[J]. arXiv preprint arXiv:1702.02098, 2017.

[33] Jawahar G, Sagot B, Seddah D, et al. What does BERT learn about the structure of language?[C]. 57th Annual Meeting of the Association for Computational Linguistics (ACL), Florence, Italy, 2019.

[34] Yang Z, Dai Z, Yang Y, et al. XLNet: Generalized autoregressive pretraining for language understanding[J]. arXiv preprint arXiv:1906.08237, 2019.

[35] Diao S, Bai J, Song Y, et al. ZEN: Pre-training Chinese text encoder enhanced by n-gram representations[J]. arXiv preprint arXiv:1911.00720, 2019.

图书资源支持

感谢您一直以来对清华版图书的支持和爱护。为了配合本书的使用,本书提供配套的资源,有需求的读者请扫描下方的"书圈"微信公众号二维码,在图书专区下载,也可以拨打电话或发送电子邮件咨询。

如果您在使用本书的过程中遇到了什么问题,或者有相关图书出版计划,也请您发邮件告诉我们,以便我们更好地为您服务。

我们的联系方式:

地　　址: 北京市海淀区双清路学研大厦 A 座 701

邮　　编: 100084

电　　话: 010-83470236　　010-83470237

资源下载: http://www.tup.com.cn

客服邮箱: 2301891038@qq.com

QQ: 2301891038 (请写明您的单位和姓名)

书 圈

扫一扫,获取最新目录

课 程 直 播

用微信扫一扫右边的二维码,即可关注清华大学出版社公众号"书圈"。